建筑工人实用操作技巧丛书

抹灰工操作技巧

张建斌 牛丽萍 编

中国建筑工业出版社

图书在版编目（CIP）数据

抹灰工操作技巧／张建斌，牛丽萍编．—北京：中国建筑工业出版社，2003
（建筑工人实用操作技巧丛书）
ISBN 7-112-05751-5

Ⅰ.抹…　Ⅱ.①张…②牛…　Ⅲ.抹灰-技术
Ⅳ.TU754.2

中国版本图书馆 CIP 数据核字（2003）第 023400 号

建筑工人实用操作技巧丛书
抹灰工操作技巧
张建斌　牛丽萍　编

*

中国建筑工业出版社出版、发行(北京西郊百万庄)
新 华 书 店 经 销
北京市兴顺印刷厂印刷

*

开本：850×1168 毫米　1/32　印张：7⅛　字数：189 千字
2003 年 6 月第一版　　2004 年 4 月第二次印刷
印数：4,001—5,200 册　　定价：14.00 元

ISBN 7-112-05751-5
TU·5050（11390）

版权所有　翻印必究
如有印装质量问题，可寄本社退换
（邮政编码　100037）

本社网址：http://www.china-abp.com.cn
网上书店：http://www.china-building.com.cn

本书主要介绍各种抹灰材料的种类、规格和性能；抹灰砂浆、特种砂浆的配合比和配制；墙柱面、顶棚、地面等各建筑部位的抹灰和各种饰面板（砖）的镶贴工序和施工操作方法。书中还介绍了抹灰和饰面工程的工料计算及安全防护知识。

本书通俗易懂、图文并茂、简明实用。可作为抹灰工为提高自身操作水平和技术培训教材，也可作为技术管理人员参考用书。

* * *

责任编辑　周世明

出 版 说 明

当前正是工程建设事业蓬勃发展的时期,为了满足广大读者的需要,并结合施工企业年轻工人多,普遍文化水平不高的特点,我社特组织出版了"建筑工人实用操作技巧丛书"。这套丛书是专为那些文化水平不高,但又有求知欲望的普通技术工人而编写。其特点是按实际工种分册编写,重点介绍操作技巧,使年轻工人阅读后能很快掌握操作要领,早日成为合格的技术工人;在叙述语言上力求通俗易懂,少讲理论,多介绍具体做法,强调实用性且图文并茂,让读者看得进去。

希望这套丛书问世以后,能帮助广大年轻工人解决工作中的疑难问题,提高技术水平和实际工作能力。为此,我们热诚欢迎广大读者对书中的不足之处批评指正。

中国建筑工业出版社

2003 年 3 月

目 录

1 概 述 ·· 1
   1.1 抹灰分类及等级 ··· 1
   1.2 抹灰层的组成 ·· 2
   1.3 抹灰工程施工顺序及环境温度 ································ 4
2 常用抹灰材料 ··· 5
   2.1 抹灰砂浆 ··· 5
   2.2 饰面材料 ·· 10
3 常用抹灰机具 ·· 13
   3.1 抹灰工具 ·· 13
   3.2 抹灰机械 ·· 15
   3.3 机械喷涂机具 ··· 16
4 顶棚抹灰 ··· 18
   4.1 预制混凝土板顶棚抹灰 ··· 18
   4.2 现浇混凝土顶棚抹灰 ·· 20
   4.3 木板条、苇箔吊顶抹灰 ··· 21
   4.4 钢板网吊顶抹灰 ··· 23
   4.5 预制混凝土板顶棚勾缝 ··· 23
   4.6 灰 线 ·· 24
   4.7 顶棚抹灰质量要求 ·· 27
5 墙、柱面抹灰及饰面 ·· 28
   5.1 砖墙面抹石灰砂浆 ·· 28
   5.2 砖墙面抹水泥砂浆 ·· 34
   5.3 混凝土墙面抹水泥砂浆 ··· 38
   5.4 石墙抹水泥砂浆 ··· 39

5

5.5 板条、钢板网墙面抹灰 ……………………………… 39
5.6 加气混凝土板（砌块）墙抹灰 ……………………… 41
5.7 砖柱、混凝土柱抹水泥砂浆 ………………………… 42
5.8 砖垛、混凝土垛抹水泥砂浆 ………………………… 45
5.9 水刷石 ………………………………………………… 47
5.10 干粘石 ……………………………………………… 49
5.11 水磨石 ……………………………………………… 51
5.12 斩假石 ……………………………………………… 52
5.13 拉条灰 ……………………………………………… 53
5.14 甩毛灰 ……………………………………………… 54
5.15 喷　涂 ……………………………………………… 55
5.16 滚　涂 ……………………………………………… 56
5.17 弹　涂 ……………………………………………… 58
5.18 饰面板安装 ………………………………………… 59
5.19 饰面砖镶贴 ………………………………………… 62
5.20 墙、柱面抹灰及饰面质量要求 …………………… 66

6 地面抹灰施工 ……………………………………………… 70
  6.1 垫层施工 …………………………………………… 70
  6.2 楼（地）面水泥砂浆面层 ………………………… 75
  6.3 楼（地）面现制水磨石面层 ……………………… 79
  6.4 细石混凝土面层 …………………………………… 86
  6.5 菱苦土面层 ………………………………………… 89
  6.6 饰面板面层 ………………………………………… 92
  6.7 砖面层 ……………………………………………… 96
  6.8 楼梯面层 …………………………………………… 105
  6.9 台　阶 ……………………………………………… 108
  6.10 坡　道 …………………………………………… 111
  6.11 散　水 …………………………………………… 113
  6.12 地面抹灰及饰面质量要求 ……………………… 113

7 特种砂浆面层 ……………………………………………… 117

7.1	重晶石砂浆面层	117
7.2	膨胀珍珠岩浆面层	118
7.3	耐酸砂浆面层	120
7.4	水泥钢（铁）屑面层	122
7.5	防油渗面层	124
7.6	不发火（防爆型）面层	127

8 特殊部位抹灰 ... 131

- 8.1 檐口抹灰 ... 131
- 8.2 腰线抹灰 ... 134
- 8.3 门窗套口抹灰 ... 135
- 8.4 遮阳板抹灰 ... 136
- 8.5 阳台抹灰 ... 136
- 8.6 雨篷抹灰 ... 138

9 花饰制作安装 ... 142

- 9.1 花饰制作 ... 142
- 9.2 花饰安装 ... 147
- 9.3 花饰制作与安装质量要求 ... 148

10 机械喷涂抹灰 ... 149

- 10.1 施工准备 ... 149
- 10.2 喷涂工艺 ... 153
- 10.3 常见故障及排除方法 ... 156
- 10.4 机械喷涂抹灰质量要求 ... 158

11 季节施工与安全防护 ... 160

- 11.1 冬期施工 ... 160
- 11.2 雨期施工 ... 162
- 11.3 安全防护 ... 163

12 工料计算 ... 165

- 12.1 工料计算规则 ... 165
- 12.2 工料计算 ... 167
- 12.3 工料用量计算举例 ... 211

附录　抹灰工技能标准 …………………………………………… 214
参考文献 …………………………………………………………… 217

1 概述

抹灰(包括饰面)是指在建筑物的墙、地、柱、梁、顶棚等结构表面上,用砂浆或灰浆涂抹,以及用砂浆、灰浆等作为粘结材料粘贴饰面板、块材的工作过程。抹灰层对建筑结构起到保护与装饰作用。

1.1 抹灰分类及等级

一、抹灰的分类

抹灰工程根据施工部位、工程材料、施工工艺等的不同,分类方法主要有:

1. 按部位分类

(1) 室内抹灰。主要包括:内墙面抹灰、柱面抹灰、顶棚抹灰、楼地面抹灰、踢脚、墙裙、水池、踏步、顶棚勾缝等抹灰。

(2) 室外抹灰。主要包括:外墙、柱面抹灰,檐口抹灰、檐裙抹灰、屋顶找平层抹灰、压顶板抹灰、窗楣、窗套、窗台、腰线、遮阳板、勒脚、散水、雨篷、台阶、花池等抹灰。

2. 按基层分类

主要包括:混凝土基层抹灰、钢筋混凝土基层抹灰、泡沫混凝土板基层抹灰、普通粘土砖基层抹灰、钢板网基层抹灰、木板条基层抹灰、陶粒板(砖)基层抹灰、石材基层抹灰等。

3. 按所用材料分类

主要包括:水泥砂浆抹灰、石灰砂浆抹灰、水泥混合砂浆抹灰、聚合物灰浆、麻刀灰浆、纸筋灰浆、玻璃丝灰浆抹灰、水泥石子浆、石膏灰浆抹灰、特种砂浆抹灰、饰面板、块镶贴等。

4. 按工艺类型分类

(1) 一般抹灰。主要包括：石灰砂浆、水泥砂浆、水泥混合砂浆、聚合物水泥砂浆、珍珠岩水泥砂浆和麻刀灰浆、纸筋灰浆、石膏灰浆等抹灰工程。

(2) 装饰抹灰。主要包括：水刷石、水磨石、斩假石、干粘石、假面砖、拉条灰、拉毛灰、洒毛灰、喷砂、喷涂、滚涂、弹涂等抹灰工程。

(3) 艺术抹灰。主要指灰线、花饰等用于修饰和美化高级建筑物局部的抹灰工程。

(4) 饰面板、块粘贴。主要包括：大理石板、花岗石板、汉白玉板、预制水磨石板、瓷砖、釉面砖、陶瓷锦砖、玻璃锦砖、缸砖、水泥花砖、普通粘土砖等饰面板、块的施工。

二、抹灰的等级

按房屋类别和使用要求，抹灰可分为两个级别。

1. 普通抹灰

普通抹灰适用于一般住宅和非居住房屋（如普通商店、学校）、地下室以及要求不高的厂房、汽车库等。它是运用普通抹灰材料和工艺，抹灰层由底层和面层两层组成（或不分层），一遍成活，或分层赶平、修整，表面压光。

2. 高级抹灰

高级抹灰适用于高级装修要求的大型公共建筑（如宾馆、饭店、商场、礼堂、影剧院）、高等级住宅、纪念性建筑物等。它用较好材料，工艺精细，抹灰层由底层、中层和面层逐次完成。要求设置标筋，分层压平、压实，阴阳角找方，表面光滑、洁净、无裂纹、色泽一致、抹纹顺直、棱角垂直清晰，抹灰面垂直度、平整度不超过相应规范的规定。

1.2 抹灰层的组成

一、抹灰层的组成及作用

一般抹灰层由底层、中层和面层三个部分组成。

1. 底层灰是抹在基体表面上，起着与基体粘结和初步找平基面的作用；

2. 中层灰是抹在底层灰上，起着平整抹灰层的作用；

3. 面层灰是抹在中层灰上，起着装饰作用。有的情况下，抹灰层只有底层和面层，面层则兼中层。

麻刀石灰浆、纸筋石灰浆、石膏灰浆只能做面层。石灰砂浆宜做底层或中层，不宜做面层。

水泥砂浆不得抹在石灰砂浆层上；罩面石膏灰不得抹在水泥砂浆层上。

二、抹灰层厚度

1. 抹灰层总厚度

抹灰施工应分层进行，抹灰总厚度应符合设计要求；规范规定，当抹灰总厚度不大于或等于35mm时，应采取加强措施。如设计无要求时，抹灰层的平均总厚度不得大于下列规定：

（1）顶棚：板条、空心砖、现浇钢筋混凝土板基层为15mm，预制钢筋混凝土板基层为18mm，金属网基层为20mm。

（2）内墙：普通抹灰为18mm，高级抹灰为25mm。

（3）外墙：墙面抹灰厚为20mm，勒脚以及突出墙面部分为25mm。

（4）石墙抹灰层厚为35mm。

2. 抹灰层每遍厚度

抹水泥砂浆每遍厚度宜为5~7mm；抹石灰砂浆或水泥混合砂浆每遍厚度宜为7~9mm。

面层抹灰经赶平压实后的厚度为：麻刀石灰浆不得大于3mm；纸筋石灰浆、石膏浆不得大于2mm。

混凝土大板和大模板建筑的内墙面和楼板底面一般不抹灰，宜用腻子分遍刮平，各遍应粘结牢固，腻子总厚度为2~3mm。如果用聚合物水泥砂浆、水泥混合砂浆喷毛打底，纸筋石灰浆罩面或用膨胀珍珠岩水泥砂浆抹面，总厚度为3~5mm。

板条、金属网顶棚和墙面抹灰，底层和中层宜用麻刀石灰砂浆或纸筋石灰砂浆，各层应分遍成活，每遍厚度为3~6mm。

贴饰面砖水泥砂浆找平层应分层施工，每层厚度不大于7mm，总厚度不应大于20mm，若超过此值必须采取加固措施。

铺陶瓷地砖水泥砂浆结合层厚度为10~15mm，胶粘剂结合层厚度为2~3mm。

1.3 抹灰工程施工顺序及环境温度

一、施工顺序

1. 室外抹灰和饰面工程的施工，一般应自上而下进行，即先檐口，再逐层外墙面，后勒脚。高层建筑采取技术组织措施后，可分段进行抹灰。

2. 室内抹灰和饰面工程的施工，一般应先顶棚，再墙面，后地面，并应待屋面防水、隔墙、门窗框、暗装的管道和电线管及电器预埋件、预制钢筋混凝土楼板灌缝等施工完成后进行。室内抹灰和饰面若在屋面防水工程完工前施工时，必须采取防护措施，以免抹灰面受到污染或损坏。

3. 在抹灰基层上做饰面板（砖）、轻型花饰粘贴安装，应待抹灰工程完工，抹灰层与基层粘结牢固后进行。

二、施工环境温度

施工环境温度是指施工现场日最低气温。室内温度应在靠近外墙离地面高500mm处测量。

1. 室内外抹灰、饰面工程的施工环境温度不应低于5℃。当必须在低于5℃气温下施工时，应采取保证工程质量的有效措施。

2. 使用胶粘剂时，应按胶粘剂产品说明书要求的使用温度施工。

2 常用抹灰材料

2.1 抹灰砂浆

一、抹灰砂浆的品种

抹灰砂浆（无砂者称为灰浆）按所用材料不同有水泥砂浆、水泥混合砂浆、石灰砂浆、水泥石子浆、水泥膨胀珍珠岩浆、聚合物水泥砂浆、麻刀石灰浆、纸筋石灰浆、水泥浆等。

1. 水泥砂浆

由水泥、砂和水按比例拌合而成。

2. 水泥混合砂浆

由水泥、石灰膏、砂和水按配比拌合而成。

3. 石灰砂浆

由石灰膏、砂和水按配比拌合而成。

4. 水泥石子浆

由水泥、豆石（或色石渣）和水拌合而成。

5. 水泥膨胀珍珠岩浆

由水泥、膨胀珍珠岩颗粒和水拌合而成。

6. 聚合物水泥砂浆

由水泥、聚乙烯醇缩甲醛胶、砂和水拌合而成。

7. 麻刀石灰浆

由麻刀、石灰膏和水拌合而成。

8. 纸筋石灰浆

由纸筋、石灰膏和水拌合而成。

9. 水泥浆

由水泥和水拌合而成。

二、抹灰砂浆组成材料质量要求

1. 水泥

宜选用硅酸盐水泥、普通硅酸盐水泥、矿渣硅酸盐水泥、火山灰硅酸盐水泥、粉煤灰硅酸盐水泥、白水泥。

抹灰用水泥品种、标号应符合设计要求。粘结饰面板（砖）应采用硅酸盐水泥（标号不应低于425号）或普通硅酸盐水泥（标号不应低于325号）。严禁使用废品水泥。

2. 石灰膏

应用块状生石灰淋制。淋制时必须用孔径不大于3mm×3mm的筛过滤，并贮存在沉淀池中。石灰膏熟化时间：常温下一般不少于15d，用于罩面时不应少于30d。石灰膏使用时，不得含有未熟化的颗粒和其他杂物。在沉淀池中的石灰膏应加以保护，防止干燥、冻结和污染。

抹灰用石灰膏可用磨细生石灰粉代替，其细度应通过4900孔/cm^2筛。用于罩面时，熟化时间不应小于3d。

3. 砂

宜用中砂或中、粗砂混合。粒径在0.5mm以上的为粗砂，粒径在0.35~0.5mm的为中砂，粒径在0.25~0.35mm的为细砂。使用时，砂应过筛，不得含有杂物，含泥量不应大于3%。

4. 石

宜用色石渣和豆石。色石渣是由大理石、方解石等破碎、筛分而成，按粒径不同可分为大八厘（粒径为8mm）、中八厘（粒径为6mm）、小八厘（粒径为4mm）、米厘石（粒径为0.3~1.2mm）、大三分（又称三勾，粒径为30mm）、大二分（又称二勾，粒径为20mm）、一分半（又称一勾半，粒径为15mm）、大一分（又称一勾，粒径为10mm）。

色石渣多用于水磨石、水刷石、干粘石等装饰的骨料。豆石是自然风化形成的石子，粒径在5~12mm为宜；豆石多用于豆石混凝土楼地面的粗骨料，也可按设计要求与色石渣混合做水刷石、干粘石等装饰的骨料。

色石渣、豆石应耐光、坚硬,使用前必须冲洗干净。干粘石用的石粒应干燥。

5. 膨胀珍珠岩

宜用中级粗、细粒径混合级配,堆集密度宜为 $80\sim150kg/m^3$。

6. 粘土、炉渣

粘土、炉渣应洁净,不得含有杂质。粘土应用亚粘土,并加水浸透。炉渣应过筛,粒径不应大于 3mm,并加水闷透。

7. 纸筋、麻刀

纸筋应浸透、捣烂、洁净,罩面纸筋宜机碾磨细。

麻刀应坚韧、干燥,不含杂质,其长度不得大于 30mm。

8. 粉煤灰

品质应达到Ⅲ级灰的技术要求。

9. 外加剂、颜料

外加剂的品种和掺加量应由试验确定。

掺入装饰砂浆的颜料,宜用耐碱、耐光的矿物颜料及无机颜料。

10. 水

宜采用饮用水。

三、砂浆的配合比及制备

1. 砂浆配合比

砂浆的材料配合比应用重量比。

常用砂浆配合比(每立方米砂浆的组成材料用量)可参照表 2-1~表 2-5。

水泥砂浆、素水泥浆配合比　　　表 2-1

材料	单位	水泥砂浆					素水泥浆
		1:1	1:1.5	1:2	1:2.5	1:3	
32.5级水泥	kg	765	644	557	490	408	1517
粗 砂	m³	0.64	0.81	0.94	1.03	1.03	—
水	m³	0.30	0.30	0.30	0.30	0.30	0.52

水泥混合砂浆配合比　　　　表2-2

材料	单位	水泥混合砂浆					
		0.5:1:3	1:3:9	1:2:1	1:0.5:4	1:1:2	1:1:6
32.5级水泥	kg	185	130	340	306	382	204
石灰膏	m³	0.31	0.32	0.56	0.13	0.32	0.17
粗砂	m³	0.94	0.99	0.29	1.03	0.64	1.03
水	m³	0.60	0.60	0.60	0.60	0.60	0.60

水泥混合砂浆配合比　　　　表2-3

材料	单位	水泥混合砂浆				
		1:0.5:1	1:0.5:3	1:1:4	1:0.5:2	1:0.2:2
32.5级水泥	kg	583	371	278	453	510
石灰膏	m³	0.24	0.15	0.23	0.19	0.08
粗砂	m³	0.49	0.94	0.94	0.76	0.86
水	m³	0.60	0.60	0.60	0.60	0.60

石灰砂浆、水泥石子浆配合比　　　　表2-4

材料	单位	石灰砂浆		水泥石子浆			
		1:2.5	1:3	1:1.5	1:2	1:2.5	1:3
32.5级水泥	kg	—	—	945	709	567	473
色石渣	kg	—	—	1189	1376	1519	1600
石灰膏	m³	0.40	0.36	—	—	—	—
粗砂	m³	1.03	1.03	—	—	—	—
水	m³	0.60	0.60	0.30	0.30	0.30	0.30

纸筋、麻刀石灰浆配合比　　　　表2-5

材料	单位	纸筋石灰浆	麻刀石灰浆	麻刀石灰砂浆 1:3
石灰膏	m³	1.01	1.01	0.34
纸筋	kg	48.60	—	—
麻刀	kg	—	12.12	16.60
粗砂	m³			1.03
水	m³	0.50	0.50	0.60

2. 砂浆制备

抹灰砂浆宜用机械搅拌。当砂浆用量很少且缺少机械时，才允许人工拌合。

采用砂浆搅拌机搅拌抹灰砂浆时，每次搅拌时间为 1.5~2min。搅拌水泥混合砂浆，应先将水泥与砂干拌均匀后，再加石灰膏和水搅拌至均匀为止。搅拌水泥砂浆（或水泥石子浆），应先将水泥与砂（或石子）干拌均匀后，再加水搅拌至均匀为止。

采用麻刀灰拌合机搅拌纸筋石灰浆和麻刀石灰浆时，将石灰膏加入搅拌筒内，边加水边搅拌，同时将纸筋或麻刀分散均匀地投入搅拌筒，直到拌匀为止。

人工拌合抹灰砂浆，应在平整的水泥地面上或铺地钢板上进行，使用工具有铁锹、拉耙等。拌合水泥混合砂浆时，应将水泥和砂干拌均匀，堆成中间凹四周高的砂堆，再在中间凹处放入石灰膏，边加水边拌合至均匀。拌合水泥砂浆（或水泥石子浆）时，应将水泥和砂（或石子）干拌均匀，再边加水边拌合至均匀。

3. 砂浆稠度

拌成后的抹灰砂浆，颜色应均匀，干湿应一致，砂浆的稠度应达到规定的稠度值。

砂浆稠度测定方法：将砂浆盛入桶内，用一个标准圆锥体（重 300g），先使其锥尖接触砂浆面，垂直提好，再突然放手，使圆锥体沉入砂浆中，10s 后，圆锥体沉入砂浆中的深度（mm）即为砂浆稠度。常用抹灰砂浆稠度为 60~100mm。

四、砂浆选用

抹灰砂浆应按设计要求选用。如设计无要求时，应符合下列规定：

1. 外墙门窗洞口的外侧壁、屋檐、勒脚、压檐墙以及湿度较大的房间和车间的抹灰层用水泥砂浆或水泥混合砂浆。

2. 混凝土板和墙的底层抹灰用水泥混合砂浆、水泥砂浆或聚合物水泥砂浆。

3. 硅酸盐砌块、加气混凝土块和板的底层抹灰用水泥混合砂浆或聚合物水泥砂浆。

4. 板条、金属网顶棚和墙的底层和中层抹灰用麻刀石灰砂浆或纸筋石灰砂浆。

5. 具有防水、防潮功能要求的抹灰层用防水砂浆。

2.2 饰面材料

一、饰面材料的品种

饰面石材、陶瓷面材的粘贴主要由抹灰完成，了解饰面材料品种和性质是必要的。

饰面材料按其使用要求不同有面层装饰材料和找平、粘结和勾缝材料。面层装饰材料按其材质不同有天然石饰面板和人造石饰面板（砖）。

1. 大理石板材

大理石板材分天然和人造两种，一般多用在高级建筑物的内墙面、柱面、地面、台面等部位。大理石板强度适中，色彩和花纹比较美丽，光洁度高，但耐腐蚀性差。

2. 花岗石板材

天然花岗岩经人工加工后称花岗石，其耐腐蚀能力及抗风化能力较强，强度、硬度均很高，多用于高级建筑物的内外墙面、柱面、地面等部位。

3. 预制水磨石板

预制水磨石板有普通本色板、白水泥板和彩色水泥板，主要用于地面、柱面、墙裙、台面等部位。

4. 外墙饰面砖

常用外墙饰面砖有干压陶瓷砖、陶瓷劈离砖、玻璃马赛克等。

干压陶瓷砖和陶瓷劈离砖简称面砖，其质地坚硬、耐腐蚀、抗风化能力强，主要用于外墙面、柱面、檐口、雨篷、门窗套等部位。

面积小于 $4cm^2$ 的陶瓷砖和玻璃马赛克简称锦砖,其质地坚硬、耐酸、耐碱、耐腐蚀能力较强,主要用于外墙面、花池、雨篷、腰线等部位。

5. 内墙饰面砖

常用内墙饰面砖有釉面砖、瓷板(片)等。

釉面砖质地比较坚实,耐久性好,耐腐蚀、耐酸碱能力强,表面光滑易于清洗,多用于厨房、卫生间的墙面、柱面和浴池、实验室的墙裙、台面等部位。

瓷板(片)质地比较松脆、多用于厨房、卫生间的墙面和实验室的墙裙、台面等部位。

6. 楼地面饰面砖

常用楼地面饰面砖有陶瓷地砖、陶瓷锦砖、缸砖、水泥花砖、普通粘土砖等。

陶瓷地砖质地坚实、耐酸碱、耐腐蚀能力强,主要用于屋内地面。

陶瓷锦砖质地坚硬,耐酸碱,耐磨,抗压能力强,吸水率小,主要用于厨房、卫生间、浴池、门厅、走廊、实验室等处的地面。

缸砖质地细密坚硬,耐磨性好,抗压强度高,多用于要求不高的厨房、卫生间及仓库、站台等公共场所的地面、踏步。

水泥花砖、普通粘土砖耐磨、耐压、抗风化能力强,多用于人行道、屋面及平台等。

7. 找平、粘结、勾缝材料

找平材料宜采用具有抗渗性的水泥砂浆。

粘结材料宜采用水泥砂浆、聚合物水泥砂浆或干粉型粘结剂、108胶等界面处理剂等。

勾缝材料宜采用具有抗渗性的水泥浆或水泥砂浆。

二、饰面材料质量要求

饰面板、饰面砖应表面平整、边缘整齐,棱角不得损坏,并应有产品出厂检验合格证。

1. 天然大理石、花岗石饰面板，表面不得有隐伤、风化等缺陷。

2. 预制水磨石、人造大理石等人造石饰面板，应表面平整，几何尺寸准确，面层石粒均匀、洁净、颜色一致。

3. 外墙面砖、内墙釉面砖、瓷板及陶瓷地砖、缸砖、水泥花砖、应表面光洁，尺寸、色泽一致，不得有暗痕和裂纹。

外墙面砖（陶瓷砖）的吸水率：在Ⅰ、Ⅵ、Ⅶ气候区不应大于3%，在Ⅱ气候区不应大于6%，在Ⅲ、Ⅳ、Ⅴ且冰冻期一个月以上的气候区不宜大于6%；抗冻性在Ⅰ、Ⅵ、Ⅶ气候区冻融循环应满足50次，在Ⅱ气候区冻融循环应满足40次。建筑气候区划指标见《外墙饰面砖工程施工及验收规程》（JGJ126-2000）。

内墙釉面砖、陶瓷地砖、缸砖、水泥花砖等的吸水率不得大于10%。

4. 陶瓷锦砖及玻璃锦砖应边棱整齐，尺寸正确，脱纸时间不得大于40min。

5. 饰面板、饰面砖粘贴采用水泥基粘结材料（以水泥为主要原料，配有改性成分），其粘结强度不应小于0.6MPa。硅酸盐水泥强度等级不应低于42.5级；普通硅酸盐水泥强度等级不应低于32.5级。

6. 饰面砖、饰面砖粘贴采用胶结材料（干粉型粘结剂、108胶等）的品种、配合比应符合设计要求，并具有产品合格证和使用说明书。

3 常用抹灰机具

3.1 抹灰工具

一、抹子类工具

1. 铁抹子：用于抹水刷石、水磨石面层及底层灰等。
2. 钢皮抹子：用于抹水泥砂浆面层及各种抹灰的压光等。
3. 压子：用于抹水泥砂浆面层和水泥地面的压光及做装饰花等。
4. 木抹子：用于搓平底层灰表面。
5. 塑料抹子：用于压光纸筋灰面层。
6. 阴角抹子：用于压光阴角，分尖角和小圆角两种。
7. 阳角抹子：用于大墙阳角、柱、梁、窗口、门口等处阳角捋直捋光。
8. 鸭嘴：用于外窗台两端头、双层窗窗档、线角喂灰等小部位的抹灰、修理。
9. 柳叶：用于堆塑花饰、攒线角等微细部位的抹灰工具。
10. 勾刀：用于管道、暖气片背后用抹子抹不到，而又能看到的部位的抹灰工具。
11. 塑料压子：用于纸筋灰的面层压光。
12. 护角抹子：用于纸筋灰罩面时捋门口、窗口、柱的阳角部位水泥小圆角及踏步防滑条、装饰线等。
13. 圆阴角抹子：用于阴角处捋圆。
14. 捋角器：用于捋水泥抱角的素水泥浆。
15. 划线抹子：用于水泥地面刻画分格缝。

二、木制工具

1. 托灰板：用于抹灰时承托砂浆。
2. 靠尺：用于抹灰时制作阳角和线角，分方靠尺（横截面为矩形）、一面八字尺和双面八字尺。使用时还需配以固定靠尺的钢筋卡子，钢筋卡子常用直径8mm钢筋制作。
3. 方尺：用于测量阴阳角的方正。
4. 木杠：用于刮平墙面和地面抹灰层；分长、中、短三种：长杠为250~350cm，用于冲筋；中杠为200~250cm；短杠为150cm。
5. 靠尺板：用于抹灰线，长约3~3.5m，一般为两面刨光，也有一面刨光。
6. 分格条：也称米厘条，用于墙面各种抹灰的分格及滴水槽处，断面为梯形，尺寸根据需要确定。
7. 托线板：用于挂垂直，板的中间有标准线，附有线坠。
8. 缺口木板：用于较高墙面作灰饼时找垂直，是一对同刻度的木板与一个线坠配合工作。

三、刷子类工具

1. 软毛刷子：用于室内外抹灰洒水。
2. 猪棕刷：用于刷水刷石、水泥拉毛。
3. 钢丝刷：用于清刷基层。
4. 鸡腿刷：用于阴角等长毛刷刷不到的地方。
5. 小炊把：用于打毛、甩毛或拉毛，可用毛竹劈细或茅草扎成。
6. 滚筒：用于滚压各种抹灰地面面层。

四、人工搅拌与装运砂浆的工具

1. 铁锹：用于搅拌、装卸砂浆和灰膏，分平顶和尖顶两种。
2. 灰耙子：用于搅拌砂浆和灰膏。
3. 筛子：用于筛分砂子，常用筛子的筛孔有10、8、5、3、1.5、1mm等六种。
4. 灰勺：用于抹灰时舀挖砂浆。

5．灰车：用于运输砂浆和灰浆。

6．灰斗：用于贮存砂浆和灰浆。

五、饰面专用工具

1．錾子：用于剔凿饰面。

2．锤子：分铁锤、木锤、胶锤、花锤等。铺设预制水磨石、大理石、花岗石等饰面板用胶锤或木锤轻敲板面；铺贴锦砖、水泥花砖用铁锤敲击盖在砖面上的拍板；花锤用于斩假石。

3．铁铲：用于铲灰。

4．开刀：用于锦砖拨缝。

5．剁斧：用于斩假石和清理混凝土基层。

6．多刀或单刀：用于剁斩假石，多刀由几个单刀组成。

7．墨斗、粉线包：用于弹线。

8．金刚石：用于磨光水磨石面层。

3.2 抹灰机械

1．砂浆搅拌机

用于搅拌各种砂浆，常用的有200L和325L容量。

2．混凝土搅拌机

用于搅拌混凝土、豆石混凝土、水泥石子浆和砂浆，常用的有400L和500L容量。

3．灰浆机

用于搅拌麻刀灰、纸筋灰和玻璃丝灰。一般灰浆机均配有小钢磨和3mm筛共同工作。经灰浆机搅拌后的灰浆，直接进入小钢磨磨细后，流入振动筛中，经振筛后流入大灰槽。

4．粉碎淋灰机

用于淋制抹灰用的石灰膏。

5．水磨石机

用于磨光水磨石地面。

6．无齿锯

用于切割各种饰面板，分台式和便携式。

7. 喷浆泵

用于水刷石施工的清刷，各种抹灰中底面、基层润湿，及拌制干硬性水泥砂浆时加水，分手压和电动。

8. 卷扬机

与井字架或升降台一起用于材料垂直运输。

9. 电钻

用于安装大理石等饰面板的钻眼。

3.3 机械喷涂机具

1. 组装车

由砂浆搅拌机、灰浆输送泵、空气压缩机、砂浆斗、振动筛和电气设备等组装在一辆拖车上。

砂浆搅拌机宜选择强制式砂浆搅拌机，其容量为325L。

灰浆输送泵可选择柱塞式、螺杆式、挤压式或气动式，根据泵送高度和输送量确定。

空气压缩机的容量宜为300l/min，其工作压力宜选用0.5MPa。

振动筛宜选择平板振动筛或偏心杆式振动筛，其筛网孔径宜取10~12.5mm。

2. 输送管

由输气管、输浆管和自锁快速接头等组成。

输气管宜选用管径为13mm的橡胶管。

输浆管宜选用管径为50mm的钢管或橡胶管，其工作压力应取4~6MPa。

3. 喷枪

喷枪应根据工程的部位、材料和装饰要求选择喷枪型式及相匹配的喷嘴类型与口径。对内外墙、顶棚表面、砂浆垫层、地面面层喷涂应选择口径18mm、20mm的标准与角度喷枪，对装饰性喷涂应选择口径10mm、12mm、14mm的装饰喷枪。喷枪使用时，喷气管到喷嘴的距离一般大于或等于喷嘴口径。

4. 杠尺

用于刮平喷涂砂浆层，常用规格有 300cm、200cm、150cm。

5. 托灰大板

有塑料托灰大板或木制托灰大板，常用规格为 $80 \times 12 \times 1 \sim 1.5$cm。

6. 劳动保护用品

有工作服、眼镜、长筒薄胶手套等。

4 顶棚抹灰

4.1 预制混凝土板顶棚抹灰

一、搭设脚手架

凡净高在 3.6m 以下的均由抹灰工自己搭设脚手架。脚手架高度以人站在架子上头顶离棚面 80～100mm 为宜。脚手架常用爬凳或高凳搭设，抹灰面积较大的也可搭设多立杆式脚手架，凳子或多立杆式脚手架的横杆的间距不应大于 2m，脚手板间距不应大于 500mm。

二、基层处理

将顶棚面粘浮的纸、油毡、砂、土等杂物铲除干净，板缝凸出的灰浆要剔平。油污用 10% 浓度的火碱水刷洗后用清水冲干净。洒水湿润板缝，用 1:3 水泥砂浆把板缝勾平。相邻板由于安装误差产生的低洼处，先涂聚合物水泥浆，再用 1:3 水泥砂浆或 1:0.3:3 的水泥混合砂浆抹平。

三、抹灰

预制混凝土板顶棚，可以分为底层灰和面层灰两层抹灰，也可以分为底层灰、找平层灰和面层灰三层抹灰，抹灰总厚度均不得大于 18mm。底层灰宜用水泥混合砂浆或水泥砂浆，找平层灰宜用水泥混合砂浆，面层灰宜用水泥砂浆或纸筋灰浆。

1. 抹灰操作要领

顶棚抹灰，可以横抹，也可以纵抹。

纵抹是指抹子的走向与前进方向相平行。纵抹时，人在脚手架上站成一脚在前一脚在后的丁字步，抹子打上灰后由头顶向前推抹；抹子走在头顶上时，身体稍向后仰以后腿用力；抹子推到前边时，重心前移，身体向前以前腿用力；从身体的左侧一趟一趟向右移。抹完一个工作面后，向前移一大步，进入下一个工作面，继续操作。

横抹是指抹子的走向与前进方向相垂直。横抹时，人在脚手架上两腿叉开呈并步，抬头挺胸，身体微有后仰。横抹又分拉抹和推抹，拉抹是从头顶的左侧向右侧拉抹，推抹是从头顶的右侧向左侧推抹。

一般情况下，抹大面多采用横抹，接近阴角时可采用纵抹。抹顶棚打灰时，每抹子不能太多，以免掉灰，每两趟间的接槎要平整、严密。多人操作时，相邻两人走在前的要把槎口留薄一点，以利后边的人接槎顺平。

2. 水泥砂浆罩面的顶棚抹灰

(1) 抹底层灰。抹灰前 1~2d 洒水湿润顶棚表面。抹灰时，先在靠近顶棚的墙顶部弹出一周封闭的水平线，作为顶棚抹灰找平的依据。然后在顶棚面上刮抹或涂刷一道聚合物水泥砂浆，随即抹 1:3 水泥砂浆（砂过 3mm 筛）底层灰，厚度为 3mm。

(2) 抹面层灰。待底层灰六、七成干时，用 1:2 水泥砂浆抹罩面灰。

1）先在阴角四周，依弹出的控制线抹出一抹子宽灰条作为标筋，用靠尺把标筋刮平，用木抹子搓平，用钢板抹子溜一下；

2）依据标筋抹中间大面灰；

3）全部抹完后用靠尺刮平，用木抹子搓平，有低洼处要及时填补搓平，随之用钢板抹子溜一遍；

4）如果有气泡，要在稍收水后，用压子尖在气泡中间扎一下，然后在压子扎过的四周向中间压至合拢。如果气泡比较大，经以上方法处理后仍有空起现象，可以用压子夹在气泡周围，迅速地划圈把气泡挖掉，另用稠度稍小一点同比例的砂浆补上去；

5）待大面稍收水后，用压子压一遍，并要走出抹子花，抹子在长度方向应与前进方向相垂直；

6) 待表面无水光时，再通压一遍，抹纹尽量顺直、通长。

3．纸筋灰浆罩面顶棚抹灰

（1）抹底层灰。方法同前所述。

（2）抹找平层灰。待底层灰六、七成干时，用1:1:6水泥混合砂浆抹找平层，其厚度约为5~6mm。抹找平层时，先在阴角四周抹出一抹子宽灰条作标筋，用靠尺把标筋刮平，用木抹子搓平，用钢板抹子溜一下，然后依据标筋抹中间大面灰。全部抹完后用靠尺刮平，用木抹子通搓一遍，如有气泡，可依前述方法处理。

（3）抹面层灰。罩面时，如果找平层颜色发白，一定要洒水湿润后再抹纸筋灰浆面层。面层一般分两遍完成，两遍应相互垂直抹。第一遍薄薄刮一遍，最好纵抹；第二遍应横抹，先抹周边，后抹中间，两遍灰总厚度为2mm。

全部抹完后，用木抹子搓平，待稍吸水后，用压子溜一道抹子花。如果设计要求顶棚阴角为小圆角，要用圆阴角抹子把较干的纸筋灰浆捋抹在阴角处，要捋直、捋光。表面无水光，但经揉压仍能出浆时，先把捋阴角的印迹压平，再把大面轻轻顺抹子花通走一遍。

4.2 现浇混凝土顶棚抹灰

现浇混凝土顶棚一般不抹灰，特别需要抹灰时，按以下工艺施工。

一、搭设脚手架

方法和要求同4.1节一。

二、基层处理

将顶棚面上的木丝、油毡及模板缝挤出的灰浆剔除干净，油污等隔离剂用10%浓度的火碱水洗刷后，用清水冲洗干净。

三、抹灰

现浇混凝土板顶棚，因面层用料和使用要求不同，可分为水泥砂浆罩面、水泥混合砂浆罩面和纸筋灰浆罩面；又因抹灰层数不同可分为两遍成活和三遍成活等。

1. 顶棚三遍成活抹灰

(1) 抹底层灰。适当浇水湿润基层；在靠近顶棚的四周墙上弹一圈封闭的水平线，作为顶棚抹灰找平的依据；在顶棚面上涂刷或刮抹一道聚合物水泥浆，随之用 1:0.5:1 的水泥混合砂浆（砂过 3mm 筛）抹 2mm 厚铁板糙。抹灰时必须与模板木纹的方向垂直，用钢皮抹子用力抹实。

(2) 抹找平层灰。水泥砂浆罩面时，找平层灰采用 1:3 水泥砂浆（砂过 3mm 筛）；水泥混合砂浆罩面时，找平层灰采用 1:3:9 或 1:1:6 水泥混合砂浆；纸筋灰浆罩面时，找平层灰采用 1:3:9 水泥混合砂浆；找平层厚度为 3mm。

抹找平层灰要先从阴角周边开始，依弹线在四周阴角边抹出一抹子宽灰条作为标筋，用靠尺刮平，用木抹子搓平，然后依据标筋抹中间大面灰。找平层抹向应与底层相垂直。中间大面抹完后，用靠尺依标筋刮平，用木抹子搓平。

(3) 抹面层灰。水泥砂浆面层采用 1:2 水泥砂浆，厚度控制在 5mm 左右；水泥混合砂浆面层采用 1:1:4 或 1:0.5:4 水泥混合砂浆，厚度控制在 5mm 左右；纸筋灰浆面层采用纸筋灰浆分两遍抹成，两遍要相互垂直抹，总厚度为 2mm。

抹面层灰时，如果找平层颜色发白要稍洒水湿润后方可抹面。抹面层灰的方法可参照预制混凝土板顶棚的有关部分。

2. 顶棚两遍成活抹灰

对要求一般的工程可以分两遍抹灰完成。方法是：基层处理和湿润后，在基层刮抹 1mm 厚素水泥浆一道，随之用 1:2.5 水泥砂浆抹面，厚度控制在 6~8mm。抹平、压光方法同前。

4.3 木板条、苇箔吊顶抹灰

一、搭设脚手架

方法和要求同 4.1 节中一。

二、基层检查

检查吊顶是否牢固，平整度和标高是否符合要求，板缝是否过大或过小，发现问题及时修整好。

三、抹灰

木板条、苇箔吊顶抹灰分四遍成活，即粘结层、底层、中层、面层。

1. 抹粘结层灰

抹粘结层前，先在靠近吊顶的四周墙上弹一圈封闭的水平线，作为抹灰找平的依据。如果在较大面积的板条吊顶抹灰时，要加麻丁，即用 250mm 长的麻丝系在钉子上，钉在吊顶的小龙骨上，每 300mm 一颗，每两根龙骨麻丁错开距离 150mm。

粘结层用掺加 10% 水泥的麻刀灰浆，板条吊顶抹灰要垂直于板条缝抹，苇箔吊顶要顺着苇箔的方向抹。抹粘结层灰浆时，抹子运行不要太快，以利于把灰浆充分挤入板缝中，使之能在板缝上端形成蘑菇状，增强灰浆的嵌固力。

2. 抹底层灰

粘结层抹完后，把麻丁上的麻丝以燕翅形粘好，再用 1:3 石灰砂浆（砂过 3mm 筛）薄薄贴粘结层刮一道，要压入粘结层中无厚度。

3. 抹中层灰

待底层灰六、七成干时，用 1:2.5 石灰砂浆抹中层灰找平，厚度为 6mm。抹中层灰要先在四周阴角边抹出一抹子宽灰条作为标筋，用靠尺刮平，用木抹子搓平，然后依据标筋抹中间大面灰，一般多采用横抹的推抹法。全部抹完后，用靠尺顺平，用木抹子搓平或用笤帚扫出纹来。

4. 抹面层灰

待中层灰六、七成干后，用纸筋灰浆罩面，厚度为 2~3mm。抹面层的方法可参照 4.1 中纸筋灰浆罩面的相应部分。

4.4　钢板网吊顶抹灰

一、搭设脚手架
方法和要求同 4.1 节一。
二、基层检查
钢板网装钉完成后，必须对其牢固性、平整度和标高等进行检查，合格后方可抹灰。
三、抹灰
钢板网吊顶抹灰的粘结层宜用 1:2 石灰砂浆（略掺麻刀），刮抹入钢板网的网眼内，形成转脚以使结合牢固。粘结层抹完后，用 1:3 石灰砂浆（砂过 3mm 筛）压入粘结层中（本身无厚度）。

待底层灰六、七成干时。用 1:2.5 石灰砂浆抹中层找平。待中层灰六、七成干时，用纸筋灰浆罩面。抹中层灰和面层灰的方法可参照 4.3 节三的相应方法进行操作。

4.5　预制混凝土板顶棚勾缝

一、搭设脚手架
方法和要求同 4.1 节一。
二、基层清理
扫净顶棚板接缝上粘浮的尘土、砂子，油污用 10% 火碱水刷洗后用清水冲洗干净。板缝挤出的灰浆要剔除。
三、勾缝
用毛刷子沾水将板缝湿润，刷素水泥浆或聚合物水泥浆后，用 1:3 水泥砂浆或 1:0.3:3 水泥混合砂浆把板缝填平，再用木抹子搓平，待收水后，用 1:1 水泥石灰浆掺加纸筋拌合均匀后罩面，并压光，要把缝隙与楼板边的接缝口压密实。

4.6 灰　　线

灰线是室内装饰线，常见于高级装修房间的顶棚四周及灯光周围、舞台口等处。

一、抹灰线的工具

抹灰线，也称扯灰线、捋灰线，是用根据灰线尺寸制成的木模施工，木模分死模、活模和圆形灰线活模三种。

1. 死模

适用于顶棚四周灰线和较大的灰线，它是卡在上下两根固定的靠尺上推拉出线条来（图4–1）。

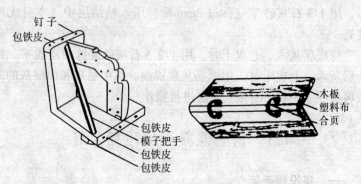

图4–1　灰线死模

2. 活模

适用于梁底及门窗角等灰线，它是靠在一根底靠尺（或上靠尺）上，用两手拿模捋出灰线来（图4–2）。

图4–2　活模

3. 圆形灰线活模

适用于室内顶棚上的圆形灯头灰线和外墙面门窗洞顶部半圆形装饰等灰线，它的一端做成灰线形状的木模，另一端按圆形灰线半径长度钻一钉孔（图4-3），操作时将有钉孔的一端用钉子固定在圆形灰线的中心点上，另一端木模即可在半径范围内移动，扯制出圆形灰线。

图4-3 圆形灰线活模

4. 灰线接角尺

在顶棚四周阴角处，用木模无法扯到的灰线，需用灰线接角尺（图4-4），使之在阴角处合拢。

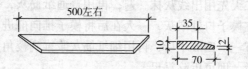

图4-4 灰线接角尺

二、抹灰线的工艺流程及分层做法

1. 工艺流程

简单的灰线抹灰，应待墙面、柱面、顶棚的中层砂浆抹完后进行。多线条的灰线抹灰，应在墙面、柱面的中层砂浆抹完后，顶棚抹灰前进行。

2. 分层做法

（1）粘结层。用1:1:1水泥石灰砂浆薄薄抹一层。

（2）垫层。用1:1:4水泥石灰砂浆略掺麻刀，厚度根据灰线尺寸确定。

（3）罩面。用2mm厚纸筋灰浆（纸筋灰过窗纱筛），也可用石膏灰，但应掺入缓凝剂，其掺量由试验确定，宜控制在15~20min内凝结。罩面灰浆应分遍连续涂抹，表面应赶平、修整、压光。

三、死模施工方法

1. 弹线、稳尺、坐模

抹灰线前，先应根据墙和柱子上的水平线，用尺反在灰线位置上，并弹出墙面四周封闭的墨线，做出四角灰饼，定出上下稳尺位置，弹出稳尺线，并按线稳尺，稳尺可用钉子固定，也可用灰浆粘贴，无论用哪种方法，都要求上下平直，粘贴牢固。坐模后，上下灰口要适当，推拉模应不松不动。

2. 抹灰

先薄薄抹一层1:1:1水泥石灰砂浆与混凝土顶棚基层粘结牢固，接着用垫层灰一层一层抹，模子要随时推拉找标准，抹到离模子边缘约5mm处，待灰线稍挺实，再将模子倒拉一遍，消去毛刺。第二天先用出线灰抹一遍，再用普通纸筋灰，一人在前用喂灰板按在模子口处喂灰，一人在后将模子推向前进，等基本推出棱角并有三、四成干后，再用细纸筋灰浆推到棱角整齐光滑为止。做完后，即可拆除靠尺。

如果抹石膏灰线，在形成出线棱角时，用1:2石灰砂浆（砂过3mm筛）推出棱角，在六、七成干时稍洒水湿润，用石灰浆掺石膏在6~7min内推抹至棱角整齐光滑。

四、活模施工方法

采用一边粘尺一边冲筋，模子一边靠在靠尺板上，另一边紧贴在冲筋上捋出线条，其他同死模施工方法。

捋线条时，模子可稍翘起，便于向前运动，但要求用力均匀，步伐稳定，避免凹凸不直，产生竹节形。

五、圆形灰线活模施工方法

先找出圆形灰线的中心点，钉上钉子，将活模有钉孔的一端套在钉子上,围着中心抒出圆形灰线。罩面时,要一次成活。

六、灰线接头的施工方法

1. 接阴角做法

当房屋四周灰线抹完后,切齐甩槎,先用抹子抹灰线的各层灰,当抹上出线灰及罩面灰后,分别用灰线接角尺一边轻挨已成活的灰线作基准,一边刮接角的灰使之成形。接头阴角的交线与立墙阴角的交线要在一个平面内。

2. 接阳角的做法

首先要找出柱、垛阳角距离来确定灰线位置,施工时先将两边靠阴角处与柱、垛结合齐,再接阳角。

4.7 顶棚抹灰质量要求

1. 顶棚抹灰的表面质量应符合下列规定:
(1) 普通抹灰:表面应光滑、洁净、接槎平整。
(2) 高级抹灰:表面应光滑、洁净、颜色均匀、无抹纹,灰线应清晰美观。

2. 顶棚抹灰阴阳角方正的允许偏差:普通抹灰 4mm,高级抹灰 3mm。

5 墙、柱面抹灰及饰面

5.1 砖墙面抹石灰砂浆

砖墙面抹石灰砂浆的质量等级一般为普通抹灰和高级抹灰。

砖墙面抹石灰砂浆分为石灰砂浆打底、纸筋灰浆罩面或石灰砂浆罩面或石膏灰浆罩面等二层做法。

一、抹底层灰（也称打底）

砖墙面抹石灰砂浆打底的操作程序一般为：作灰饼→作门窗护角→窗台→踢脚→充筋、装档→刮平→搓平等。

1. 做灰饼、挂线

做灰饼前，先用托线板检查墙面的垂直度和平整度，依此决定抹灰厚度，并做灰饼。

(1) 做灰饼时，先在墙两边距阴角 100～200mm 处、2m 左右高度各做一个大小 50mm 见方的灰饼；

(2) 按上边两个灰饼的出墙厚度为标准，用托线板挂垂直线与踢脚线上口 30～50mm 处各做一个下边的灰饼，灰饼要平整，不能倾斜、扭曲，上下两灰饼在一条垂线上；

(3) 在做好的四个灰饼的外侧，与灰饼中线相平齐的高度各钉一个小钉，在钉上拴细线并拉紧，细线要离开灰饼面 1mm；

(4) 依细线再做中间若干灰饼。中间灰饼的厚度也应距细线 1mm，各灰饼的间距一般为 1～1.5m，上下相对应的灰饼要在同一垂线上；

(5) 墙面较高（3m 以上）时，做上边的灰饼要在距顶部 100～200mm 处、距两边阴角 100～200mm 位置各做一个灰饼，然后上、下两人配合用缺口木板挂垂直线做下边的灰饼,再挂竖线、横线并做中间若干灰饼。

2. 门窗护角

石灰砂浆墙面门窗口的阳角处,要用水泥砂浆做出护角。

(1) 先在门窗口的侧面抹1:2水泥砂浆,在上面反粘八字靠尺或直接在门窗口侧面反卡八字靠尺;

(2) 根据所做的灰饼厚度找方吊直。然后在靠尺周边抹出50mm宽、厚度以靠尺为依据的一条灰梗,用木杠搭在门窗口两边的靠尺上将灰梗刮平,用木抹子搓平;

(3) 拆除靠尺刮干净,正贴在抹好的灰梗上,用方尺依门窗框的子口定出稳尺的位置,上下吊直后轻敲靠尺使其粘住或用卡子卡牢固,随之在侧面抹砂浆;

(4) 在抹好砂浆的侧面用方尺找出方正,划出方正痕迹;

(5) 用小刮尺依方痕刮平、刮直,用木抹子搓平;拆除靠尺,将灰梗的外边割切整齐。

(6) 待护角底子砂浆六、七成干时,用护角抹子在做好的护角底子的夹角处抒一道素水泥浆护角。也可根据需要直接用1:3水泥砂浆打底,1:2水泥砂浆罩面压光口角,但抹正面小灰梗时要高于灰饼2mm,以便墙面的罩面灰与正面小灰梗相平。

抹水泥砂浆护角(光口)时,可以在底层水泥砂浆抹完后的第二天抹1:2水泥砂浆面层,也可在打底后稍收水即抹第二遍罩面砂浆。抹阳角罩面灰时要找方,侧面里部与门窗框交接的阴角要垂直,并与阳角平行,抹完后用刮尺刮平,用木抹子搓平,用钢抹子溜光。如果吸水比较快,要在搓木抹子时适当洒水,边洒水边搓,要搓出灰浆来,稍收水后用钢抹子抹光,随即用阳角抹子把阳角抒光,最后用干刷子将门窗框边残留的砂浆清扫干净。

3. 窗台

室内窗台的施工,一般与抹窗口护角时一并进行,也可在做窗口护角时只打底,随后单独进行窗台面板和出檐的罩面抹灰。

室内窗台一般用1:2水泥砂浆涂抹。

(1) 操作时，先在台面上铺一层砂浆，用抹子基本摊平，在上边反粘八字靠尺，使尺外棱与墙上灰饼相平，依尺在窗台下的正面墙上抹出一条略宽于出檐宽度的灰梗，并用木杠依两边墙上的灰饼刮平，用木抹子搓平，随即取下靠尺正贴在刚抹完的灰梗上，用方尺依窗框的子口定出靠尺棱的高低、水平后，粘牢或用卡子卡牢靠尺，依靠尺在窗台面上摊铺砂浆，用小刮尺刮平，用木抹子搓平，用钢抹子溜光。

(2) 待稍吸水后取下靠尺，将靠尺刮干净再次正放在抹好的台面上，靠尺的外棱边突出灰饼的厚度等于窗台出檐要求的厚度；另取一方靠尺，尺的厚度也要等于窗台出檐要求的厚度，将方靠尺卡在抹好的正面灰梗上，高低位置要比台面低出相当于出檐宽度的尺寸，一般为 50～60mm。台面上的靠尺要用砖压牢，正面的方靠尺要用卡子卡稳，随即在上下尺的缝隙处分层填抹砂浆，用木抹子搓平，用钢抹子溜光。

(3) 吸水后用小靠尺头比齐，将窗台两边的耳朵上口与窗面相平切齐，用阴角抹子捋光，取下小靠尺再换一个方向将耳朵两边出头切齐，一般出头尺寸与檐宽相等，即两边耳朵要呈正方形。

(4) 最后用阳角抹子把阳角捋光，用小鸭嘴把阳角抹子捋过的痕迹压平，檐的表面和底边压光。

4.踢脚、墙裙

踢脚、墙裙一般多在墙面抹底层灰后、罩面纸筋灰前进行施工。

(1) 根据灰饼厚度，抹出高于踢脚或墙裙上口 30～50mm 的 1:3 水泥砂浆底层灰，且刮平、搓平，与墙面底层灰相平并垂直；

(2) 依给定的踢脚或墙裙上口位置，用墨斗弹出一周封闭的上口水平线；再依线用混合纸筋灰浆（纸筋灰略掺水泥）将专用的 5mm 厚塑料板粘在墨线上口，用木杠靠平，拉细线检查调整无误后，抹厚度与塑料板相平齐的 1:2 水泥砂浆，用木杠刮平，用木抹子搓平，用钢抹子溜光；

（3）吸水后面层用手指捺，手印不大时再次压光。随后拆掉塑料板，将靠尺靠住上口小阳角（尺棱边与阳角平），用阴角抹子将上口捋光；取掉靠尺，用专用的踢脚、墙裙阳角抹子将上口捋光捋直，用抹子将捋角时留下的痕迹压光；再将相邻两面墙的踢脚、墙裙阴角用阴角抹子捋光，最后通压一遍。

5. 充筋、装档

手工抹灰一般充竖筋，机械抹灰一般充横筋。充筋可用充筋抹子，也可用普通铁抹子。

（1）充筋时，在上下两个相对应的灰饼间用与底层灰相同的砂浆抹出一条宽100mm、略高于灰饼的灰梗，用抹子稍压实，随后用木杠紧贴在灰梗上，上右下左（或上左下右）的搓动，直到搓至与上下灰饼相平，再将灰梗两边用木杠切齐，用木抹子竖向搓平。如果刚抹完的灰梗吸水较慢时，要多抹出几条灰梗，待前边抹好的灰梗已吸水后，可从前开始向后逐条刮平、搓平。

（2）装档要在充筋稍有强度、不易被木杠轻刮而产生变形时进行，一般约在充筋后30min左右。装档要分两遍完成，第一遍薄薄抹一层，视吸水程度决定抹第二遍的时间；第二遍要抹至与两边充筋相平。抹完后用木杠靠住两边充筋，自下而上进行刮杠，刮至完全与两边充筋相平时，用木抹子搓平。刮杠时一定要注意所用的力度，只把充筋作为依据，不可把木杠过分用力向墙里捺，以免刮伤充筋。如果有刮伤充筋的情况时，要及时先把充筋填补上砂浆修理好后方可进行装档。

（3）装档全部完成后，要用托线板和木杠检查垂直度、平整度是否在规范允许范围，如果超出规范规定时，要及时修理，要保证底层灰平整，阴阳角方正。

（4）当层高大于3.2m时，一般从最上面一步架开始往下抹灰。当层高小于3.2m时，应先从下面一步架开始抹灰，然后搭架子再抹上面一步架的灰；抹上面的灰时，一般不再冲筋，而是以木杠贴平下面已经抹好的砂浆层作为刮杠的标准。

二、抹罩面灰

根据使用要求的不同，罩面灰有纸筋灰浆、石灰砂浆、石膏灰浆等。

1. 纸筋灰浆罩面

纸筋灰浆罩面应在底层灰完成第二天后进行。

(1) 罩面前，要将踢脚、窗台、墙裙等用浸过水的牛皮纸粘盖严密，以保持清洁，视底层灰颜色而决定是否浇水湿润和浇水量，如果需要浇水，可用喷浆泵从上至下通喷一遍，但应注意不要喷水在踢脚、墙裙上口的水泥砂浆上。

(2) 罩面时，应选用水灰比小一些的纸筋灰浆将踢脚、墙裙上口和门窗口等用水泥砂浆打底的部位抹一遍。罩面应分两遍完成。第一遍要竖向薄薄抹一层，从左上角开始，自左向右依次抹，直到抹至右边阴角完成，再转入下一步架，仍然是从左向右抹。

(3) 抹灰时，一般要把抹子放陡一些，涂抹厚度不超过0.5mm，每相邻两抹子的接槎要刮严。第一遍抹完后稍吸水可以抹第二遍。抹第二遍时，先将两边阴角处竖向抹出一抹子宽，并溜一下光，然后用托线板检查，有问题及时修正好，再从上到下，自左向右横抹中间的面层灰。

(4) 面层总厚度不应超过2mm，要抹得平整，抹纹平直，印迹要轻。抹完后用托线板检查垂直度、平整度，如果有突出的小包可以轻轻向一个方向刮平，不要往返刮，有低洼处要及时补上灰，接槎要压平。

(5) 全部抹完且修整好后溜一遍光，用长木阴角抹子将两边阴角捋直，再用塑料阴角抹子溜光。然后用塑料压子或钢皮压子将捋阴角的印迹压平，将大面通压一遍，抹子要通长横走（即从一边阴角到另一边阴角一抹子走过去），走出抹子花（即抹纹）。抹子花要平直，不能波动或划弧，抹子花要尽量宽，所谓的"几寸抹子，几寸印"。最后将踢脚、墙裙、窗台等部位的纸揭掉，并擦干净阳角及门窗框上污染的灰浆。

（6）罩面灰要大面平整，颜色一致，抹纹平直，线角清晰。

2. 石灰砂浆罩面

石灰砂浆罩面是在底层砂浆收水后立即进行，或在底层砂浆干燥后浇水湿润再进行。

石灰砂浆罩面层宜采用 1:2.5 的石灰砂浆。

（1）抹面前要视底层灰干燥程度酌情浇水湿润，先在贴近顶棚的墙面上部抹出一抹子宽的面层灰条，用木杠横向刮直刮平，符合尺寸要求时用木抹子搓平，用钢抹子溜光。然后在墙两边阴角处同样抹出一抹子宽的面层灰条，用托线板挂垂直，用木杠刮平，符合尺寸要求时，用木抹子搓平，钢抹子溜光。

（2）抹中间大面时，一般是横向抹，也可以竖向抹，但都要以抹好的灰条作为标筋。抹时要一抹子接一抹子，接槎平整，薄厚一致，抹纹顺直。抹完一面墙后，用木杠依标筋刮平，缺灰的及时补上，用托线板挂垂直，无误后用木抹子搓平，如果墙面吸水较快，应边洒水边搓，搓平搓出灰浆，随后用钢抹子压光，表面稍吸水后再次压光，待抹子上去时印迹不明显时作最后一次压光。

（3）相邻两面墙都抹完后，用刷子向阴角甩水，把木阴角抹子揣稳放在阴角部位上下通搓，搓直搓出灰浆，而后用铁阴角抹子捋光。再用抹子将通阴角留下的印迹压平。

3. 石膏灰浆罩面

石膏的凝结速度较快，所以在抹石膏灰浆时要掺入一定量的石灰膏或菜胶、角胶等缓凝物在石膏浆内，以使其缓凝。

石膏浆的拌制要有专人负责，随用随拌。拌制石膏浆时要先把缓凝物和水拌成溶液，再用窗纱筛把石膏粉边筛边搅拌于溶液内。

石膏浆罩面的操作一般为三人合作，一人在前抹石膏浆，一人在中间修理，一人在后压光。面层分两遍完成，第一遍薄薄刮一层，随后抹第二遍，两遍要互相垂直抹，也可以平行抹。面层的修理、压光等操作方法参照纸筋灰罩面。

5.2 砖墙面抹水泥砂浆

砖墙面抹水泥砂浆,一般多用于工业厂房的内墙面和住宅的外墙面。

一、抹底层灰

抹水泥砂浆墙面的底层灰,操作基本与抹石灰砂浆相同。做灰饼、充筋、打底均采用1:3水泥砂浆。

1. 做灰饼。由于工业厂房或室外抹灰与住宅室内抹灰相比,有跨度大、墙身高的特点,所以在做灰饼时要采用缺口木板,做上下两个、两边的灰饼。两边的灰饼做完后,要挂竖线依上下灰饼做中间若干灰饼,再横向挂线做横向的灰饼。每个灰饼均要离线1mm,竖向每步架不少于一个,横向以1~1.5m间距为宜。灰饼大小为50mm见方,要与墙面平行,不得倾斜、歪扭。

2. 充筋。充筋可以在装档前先抹出若干条标筋后,再装档;也可以专人在前充筋,后面跟人装档。充筋的厚度与上下灰饼相平,以100mm宽为宜,各条标筋的宽度方向要在一条直线上,不能倾斜。

3. 抹底灰。充筋与装档的间隔时间,一般以标筋尚未收缩,但装档时木杠上去不变形为度。如果基层吸水较快,在抹竖向一步架、横向两条标筋之间的面积时,可以先抹好一半就刮平、修整后,再抹另一半;如果基层吸水不快,可以一次抹完。

4. 抹洞口灰。打底过程中遇有门窗口时,可以随抹墙一同打底,也可以把离门窗口角一周50mm及侧面留出来先不抹,派专人在后抹,门窗口角的做法可参考5.1.1中门窗护角的做法。如遇有阳角大角,要在另一面反贴八字靠尺,尺棱边出墙与灰饼相平,靠尺粘贴完要挂垂直,然后依尺抹灰、刮平、搓平;做完一面后反尺正贴在抹好的一面做另一面,方法相同。

二、抹罩面灰

抹罩面灰采用1:2.5水泥砂浆,从上到下、从左到右进行。

由于室外墙面抹水泥砂浆面积较大，为了避免砂浆收缩产生裂缝和所需要的装饰效果，常采用分格的做法。

1. 粘贴分格条

分格多采用粘贴分格条的方法。分格条的截面尺寸由设计而定，分格条一般用木条制作。

粘贴分格条前，要在抹好的底子灰上依设计弹出分格墨线，分格线要弹在分格条的一侧，一般水平条弹在上口，竖直条弹在右边。分格条要用水浸透，浸湿的分格条比较柔软，便于粘贴和调直；另外浸湿的分格条本身水分蒸发而收缩，能较容易地起出，从而保证分格条两侧的灰口整齐。

粘贴分格条时，应先在分格条的小面上用鸭嘴抹上一道素水泥浆，随即粘在相应的位置上，且以弹线为依据找直，厚度方向要用直靠尺在面上靠平。在每一面墙的一条水平线上，分格条的高低和薄厚两个方向要在一条直线上；竖方向同一弹线旁，分格条的左右和薄厚两个方向要在同一垂直线上；各条不同高度的横向分格条薄厚方向要在同一垂直线上。分格条之间的接槎要相平，大面要与墙面平行，不能倾斜。粘好的分格条要在一侧抹上素水泥浆小八字，稍吸水后再抹另一侧的小八字灰。如果当日抹罩面灰，小八字应抹成 45°角；如果当日不罩面，小八字应抹成 60°角（图 5-1）。

2. 抹面层灰

大面的分格条粘贴完成后，可以抹面层灰。

（1）面层灰要从最上一步架的左边大角开始。大角处可在另一面抹 1:2.5 水泥砂浆，反粘八字靠尺，使靠尺的外边棱与粘好的分格条相平；

（2）依分格块逐块进行。为了与底层灰粘结牢固，可以先在底层灰上刮一道素水泥浆粘结层，随即抹 1:2.5 水泥砂浆面层，抹完一块后，用木杠依分格条或靠尺刮平，用木抹子搓平，用钢板抹子压光；

（3）待收水后再次压光，压光时要将分格条上的砂浆刮干

净,能清楚地看到分格条的棱角;

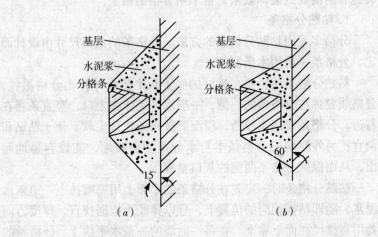

图 5-1 粘分格条

(4) 当日粘的分格条,压光后可以及时取出,并用溜子把分格缝溜平、溜光。隔夜的分格条不能当时取出,应隔日再取。

(5) 室外墙面有时为了颜色一致,在最后一次压光后,可以用刷子蘸水或用干净的干刷子按一个方向在墙面上直扫一遍,要一刷子挨一刷子刷,不要漏刷,使颜色一致,略有石感。

三、做滴水

室外墙面的门窗口上脸底要做出滴水。滴水的形式有鹰嘴、滴水线、滴水槽(图 5-2)。

鹰嘴是在抹好的上脸底部趁砂浆未终凝时,在上脸阳角的正面正贴八字靠尺,使靠尺外边棱比阳角低 8mm,用卡子卡牢靠尺后,用小圆角阴角抹子将 1:2 水泥砂浆(砂过 3mm 筛)填抹在靠尺和上脸底的交角处,捋抹时要抹密实,捋光,取下靠尺后修理正面,使之形成弯弧的鹰嘴型滴水。

滴水线是在抹好的上脸底部距阳角 30~40mm 处划一道与墙面平行线。按线卡上一根短靠尺在线里侧,然后用护角抹子将

1:2水泥细砂子灰，依靠尺挦抹出一道突出底面的半圆形灰柱的滴水线。

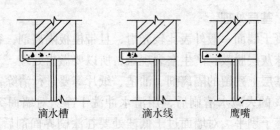

图 5-2 滴水做法

滴水槽是在抹上脸底部面层灰前，在底部底层灰上距阳角30~40mm处粘一根米厘条，而后再抹底部的面层灰，等取出米厘条后形成一道凹槽称为滴水槽。

四、抹室内墙面

抹室内如工业厂房等较大的墙面时，由于没有分格条的控制，平整度、垂直度不易掌握，可用以下方法：

1. 在抹好的底层灰的阴角处竖向挂垂直线，线离底层灰的距离要比面层砂浆多1mm；

2. 依线在每步架上都用碎瓷砖片抹灰浆做一个饼，做完两边竖直方向后，改横线做中间横向的饼；

3. 抹面层灰时，可以依这些小饼直接抹，也可以先充筋再抹；

4. 抹完刮平后挖出小瓷砖饼，填上砂浆一同压光。

5. 墙面较大，抹灰一天完不成需要留槎时，槎要留在脚手板偏上或偏下的位置，槎口横向要刮平、切直；

6. 接槎时，应在留槎上刷一道素水泥浆，随即先抹出一抹子宽砂浆，用木抹子将接槎处搓平，用钢板抹子压光后，再抹下边的砂浆。接槎要严密、平整。

5.3 混凝土墙面抹水泥砂浆

一、基层处理

混凝土墙面一般外表比较光滑,且带模板隔离剂,容易造成基层与抹灰层脱鼓,产生空裂现象,所以要做出处理。

对基层上残留的隔离剂、油毡、纸片等要进行清除,隔离剂要用10%的火碱水清刷后,用清水冲洗干净。对墙面突出的部位要用锩子剔平。对墙面过于低洼处要在涂刷界面剂后,用1:3水泥砂浆填齐补平。对比较光滑的表面,应用刨锛、剁斧等进行凿毛,凿毛的基层要用钢丝刷子把粉尘刷干净,浇水湿润。

二、抹结合层

结合层可采用水重量为15%~20%的水泥108胶浆,稠度7~9cm,也可以采用10%~15%水重量的乳液,拌合成水泥乳液聚合物灰浆,稠度为7~9cm。

结合层有甩浆法和抹浆法两种做法。

1. 甩浆法

用小笤帚头蘸灰浆,垂直于墙面方向甩粘在墙上,厚度控制在3mm,甩浆要有力、均匀,不能漏甩,如有漏甩处要及时补上。

2. 抹浆法

前边有人用抹子薄薄刮抹一道灰浆,后边的人紧跟着用1:3水泥砂浆刮抹一层3~4mm厚的铁板糙。

结合层做完后,第二天浇水养护。养护要充分,室内采用封闭门窗喷水法,室外要有专人养护,特别是夏季,结合层不得出现发白现象,养护时间不少于48h。

三、抹底层灰

抹底层灰的做法可以参照砖墙抹水泥砂浆(5.2)中的做灰饼、充筋、装档、刮平、搓平,而后在底层灰上划痕以利粘结。

四、抹面层灰

抹面层灰前,先刮一道素水泥浆,随即抹面层砂浆。抹面层灰的做法参照砖墙抹水泥砂浆（5.2）中的抹罩面灰。

5.4 石墙抹水泥砂浆

一、基层处理

石材的密度比砖高，其与砂浆的粘结力要比砖墙小，另外毛石墙表面平整度误差一般比砖墙大，所以石墙抹灰需要进行底层处理。

石墙抹灰前，要把墙上残留粘结不牢的灰浆剔掉，局部缝隙比较松动的灰浆也要剔除。因石材吸水率低，润湿时用刷子刷水后稍晾一下就可进行抹结合层；也可以提前一天浇水，第二天抹结合层。

二、抹结合层的垫衬层

结合层做法可参照混凝土墙面抹水泥砂浆（5.3节二）中的结合层甩浆法。

结合层做完的第二天开始养护，养护不少于36h，待结合层有一定强度后可以抹垫衬层。抹垫衬层是因为石材墙体表面平整度有比较大的误差，有的局部过于低洼，直接打底需要较厚的砂浆层才能填平，为了避免砂浆收缩造成空裂现象，所以要分层垫衬平齐。抹垫衬层时，可以通过眼睛观察或借助挂线、小杠、靠尺等工具，将低洼处分层垫抹平齐，每层厚度不超过12mm。

三、抹底层灰和罩面

垫衬层完成后，进行底层灰找平和面层的罩面压光。抹底层灰的找规矩、做灰饼、充筋、装档，面层灰的抹平、压光等，均可参照混凝土墙面抹水泥砂浆（5.3）。

5.5 板条、钢板网墙面抹灰

一、基层处理

抹灰前，检查板条、钢板网墙钉得是否牢固，平整度是否符合要求，不合适的要进行适当的加固和调整。

二、抹粘结层

粘结层采用掺入10%石灰量的水泥调制成的水泥石灰麻刀灰浆，稠度为4~6cm。钢板网墙的粘结层也可用1:2:1水泥混合砂浆略掺麻刀。

粘结层要横着抹，使灰浆挤入缝隙中，在上边形成一个蘑菇状，以防止抹灰层脱落。抹完水泥石灰麻刀浆后，随即用1:3石灰砂浆(砂过3mm筛)薄薄抹一层，要勒入麻刀灰浆中无厚度。

三、抹底层灰

待粘结层六、七成干时，用1:2.5石灰砂浆抹底层灰（钢板网墙也可用1:3:9水泥混合砂浆）。抹灰时，用托线板挂垂直，刮尺刮平，木抹子搓平。

四、抹面层灰

底层灰六、七成干时，视其颜色决定是否洒水湿润，然后开始抹面层灰。面层灰一般分两遍完成，两遍要互相垂直抹，以增加抹灰层的拉结力。面层灰的具体做法可参照砖墙面抹石灰砂浆中的纸筋灰罩面（5.1节二、1）。

五、门窗洞口

板条、钢板网墙抹灰遇有门窗洞口时的施工程序是：

1. 在抹粘结层灰前，在门窗洞口侧面木方的上钉头上系有200~300mm长麻丝的小钉。

2. 刮抹粘结层灰浆时，把小钉上的麻刀燕翅形粘在粘结层上，粘结层可采用1:3水泥砂浆略加石灰麻刀或1:1:4水泥混合砂浆略掺麻刀。底层灰可采用1:3水泥砂浆或1:0.3:3水泥混合砂浆略掺麻刀。面层灰可采用1:2水泥砂浆或1:0.3:3水泥混合砂浆护角。

3. 护角的做法可参照砖墙抹石灰砂浆中门窗护角（5.1节一、2）。

一般板条、钢板网墙的门窗洞口比较窄，抹墙面时可不在侧面粘靠尺，而是直接抹墙面，抹到门窗口角边时要稍厚出1~

2mm，然后在门窗口角用木杠向侧面相反的方向刮平后，再在刚抹好的正面灰上正粘八字靠尺，吊垂直、粘牢，抹侧面灰，用木阴角抹子依靠尺和门窗框通直、搓平，用钢板抹子或阴角抹子捋光。取下靠尺吸水后，用阳角抹子捋角、捋光阳角，用钢板抹子压平印迹。

5.6 加气混凝土板（砌块）墙抹灰

加气混凝土板、加气混凝土砌块（以下简称加气板、砌块）抹灰按面层不同，可分为水泥砂浆抹灰、水泥混合砂浆抹灰、石灰砂浆抹灰和纸筋灰浆抹灰。

一、基层处理

加气板、砌块墙抹灰前，要把基层的粉尘清扫干净，分两次浇水湿润，第一次浇水后隔半天至一天浇第二次，一般要达到吃水10mm左右。将缺棱掉角比较大的部位和板缝用1:0.5:4水泥混合砂浆修补、勾平。

二、刮糙

修补砂浆六、七成干时，用掺加20%水重量的108胶水（也可在胶水中掺加一部分水泥）涂抹一遍，紧跟着进行刮糙，刮糙厚度一般为30～50mm。刮糙材料的配合比要视面层用料而定：水泥砂浆面层用1:3水泥砂浆（略加石灰膏），或用石灰水搅拌水泥砂浆；水泥混合砂浆面层用1:1:6水泥混合砂浆；石灰砂浆面层、纸筋灰浆面层用1:3石灰砂浆略掺水泥。

三、抹底层灰

刮糙六、七成干时，进行抹底层灰。底层灰材料的配合比分别为：水泥砂浆抹灰层用1:3水泥砂浆；水泥混合砂浆抹灰层用1:1:6或1:3:9水泥混合砂浆；石灰砂浆抹灰层、纸筋灰浆抹灰层用1:3石灰砂浆。底层灰的做灰饼、充筋、装档、刮平等做法可参照砖墙面抹石灰砂浆的有关部分。

四、抹面层灰

底层灰六、七成干时,进行面层抹灰。面层材料的配合比分别为:水泥砂浆面层采用 1:2.5 水泥砂浆;水泥混合砂浆面层采用 1:3:9 或 1:0.5:4 水泥混合砂浆;石灰砂浆面层采用 1:2.5 石灰砂浆。各种面层抹灰的做法要参照砖墙面抹石灰砂浆(5.1)的有关部分。

5.7 砖柱、混凝土柱抹水泥砂浆

柱分为排柱和独立柱,按柱的截面形式又分方柱、圆柱和多角柱。

一、基层处理

抹灰前,要对柱的基层进行浇水湿润。混凝土柱还要清除基层上的油污、木丝等,然后用掺加 15% 乳液的水泥乳液灰浆刮抹粘结层,再用 1:3 水泥砂浆刮糙,第二天养护。

养护后,进行找规矩、抹灰、罩面。

二、方柱抹灰

1. 找规矩、做灰饼

(1) 独立方柱找规矩时,应按设计图的尺寸位置,测量柱的尺寸和位置,在地坪上弹出相互垂直的两个方向的中心线;

(2) 依抹灰厚度在柱边的地面上弹出抹底和抹面后的两道边线,四周边线每个阳角都应呈 90°、边长相等的正方形或矩形;

(3) 上下两人配合,上边的人用短靠尺挑线,尺头顶在上边柱面上;下边的人稳住线坠,使坠尖对准边线,依线坠线与柱面的平行程度检查柱的偏差大小;如果有过高抹不上灰的地方应稍加剔凿,如果低凹较多则要在抹底层灰时分层抹平;

(4) 如果偏差不大时可依线锤线用缺口木板在柱的每个面上按上、下、左、右(即上左、上右和下左、下右)做出四个灰饼。

(5) 如果柱子比较高,可依做好的灰饼上下拉通线按每步架子不少于一个做出中间灰饼。

排柱找规矩时，应将各个柱的横向中心线和排柱公共的纵向中心线弹出，再如独立柱一样的方法弹出每个柱四周边线，吊线检查，修正处理。做灰饼时要先做排柱两端的两根柱子的大面上的灰饼，然后拉通线做中间各柱的前后大面灰饼。

2. 抹底层灰

灰饼全部做好后，依灰饼将柱相背的前后大面充筋、装档、刮平、搓平。抹完所有柱的前后两个大面后，将这两面地上的中心线反到抹好的底层灰上吊垂直，用墨线弹出，然后在前后面两边都正贴八字靠尺，用卡子卡好，用钢卷尺在靠尺的上下选两点，从中心线以 1/2 面宽尺寸量至靠尺边，作为抹侧面灰的基准；中间要以所量点为准拉线找直，拉线离开靠尺 1mm。四个角的靠尺都要用上述办法固定，随后适当增加缺欠的卡子。然后依靠尺抹侧面的底层灰，用小靠尺刮平，木抹子搓平。

3. 抹面层灰

底层灰完成后，一般在第二天后抹面层灰。如果设计要求有分格（室外柱），抹面层灰前要在底层灰上依设计弹出分格线，按照外墙抹水泥砂浆中粘分格条的方法粘好分格条，然后抹面层灰，依分格条刮平、搓平、压光。

柱面要求平整光洁，颜色均匀一致，棱角清晰、挺括，分格缝平直，排柱前后面在一条直线上。

三、圆柱抹灰

1. 找规矩、做灰饼

独立圆柱找规矩，要在地面弹出相互垂直两个方向的中心线，按照设计尺寸放出圆的外切四边形（正方形）；然后采用与方柱同样的方法挂线锤，使锤尖稳定后对准外切四边形的切点，检查圆柱的偏差度，并进行修整。如果偏差不大时，依锤线做出四个方向的上下灰饼，再拉通线做出中间若干灰饼。圆柱的灰饼水平方向越小越好，准确度越高。

排柱中的每根圆柱也要采用独立柱的方法检查偏差度，并修整。然后依锤线做出排柱两端的两根圆柱的正反两面的上下灰饼，再上下拉通线做出中间若干灰饼，再拉水平通线做出所有圆柱正反两面的灰饼。如果抹底层灰采用水平方向的环形标筋，圆柱两侧面（相对与正反两面）可以不做灰饼，用套板依正反两面灰饼做充筋。如果采用竖向标筋则应做侧面的灰饼，侧面灰饼也是用挂线锤和缺口木板，依正反两面灰饼与中心线和外切四边形切点退入的相同尺寸做出上下灰饼，再拉竖向通线做出中间若干灰饼。

2. 抹底层灰

抹底层灰前，要依圆柱的直径做好两种尺寸的套板，一种是抹底层灰套板，另一种是罩面套板（里面包铁皮），两者直径相差2倍面层厚度。套板一般为半圆，上面划有两个正反面的中心点和一个侧面中心点；较大直径的圆柱套板也可以做成1/4圆，上面划有正、侧两面的中心点。套板的形状如图5-3。

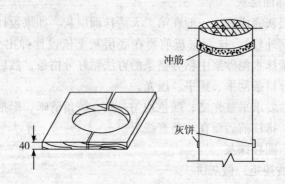

图5-3 套板

抹底层灰时，先要充标筋，标筋可以是水平方向的环筋，也可以是竖向标筋。环筋是在水平方向某一灰饼高度位置环形抹上一条灰梗，然后用套板依灰饼厚度上下滑动套板，刮出一环形标筋。环筋达到一定强度后，在上下两道环筋中间分层抹上砂浆，用木杠竖向搭在上下环筋上，上下错动水平推进木杠，环形刮平、搓平。

如果采用竖筋时,要在相互垂直的两竖筋间抹灰,用套板竖向由下向上刮平,也可以在一个半圆内的三条竖筋内的两条空档中同时抹灰,用套板竖向由下向上刮平、搓平,完成一个半圆后,再抹另一边半圆,且刮平、搓平。

3. 抹面层灰

底层灰完成后,第二天可用1:2.5水泥砂浆抹面。抹面前要视底层灰颜色酌情浇水湿润,然后采用抹底层灰的方法抹面层灰,压光可用抹子环形压光,也可以用套板竖向上下捋光。

圆柱的表面要光洁,颜色均匀一致,圆弧顺畅,纵向各柱要在一条直线上。

5.8 砖垛、混凝土垛抹水泥砂浆

垛乃为靠墙柱,有两个阳角三个面,多为排垛。

一、基层处理

在排垛两端两根垛上下各拉一条水平通线,检查各垛是否都在同一直线上,如果有过高的要剔平。然后对基层浇水湿润。对混凝土垛,要用掺加15%乳液的水泥聚合物灰浆抹粘结层,再用1:3水泥砂浆刮糙,并养护。

二、做灰饼

1. 先在排垛两端两根垛的外阳角的正面距地面150mm处,各做一个表面距墙面尺寸相等的灰饼;

2. 依所做的灰饼厚度,用缺口木板分别做出相对应的上部灰饼;

3. 分别拉竖向通线,做出中间的若干灰饼;

4. 依照两端垛上做好的灰饼,拉水平通线将中间各垛的正面均做出灰饼,每根垛的水平方向要有两个灰饼,即贴近两边阳角一边一个;

5. 垛的两侧面的灰饼可以先做,也可以抹完正面底层灰后做，一般多为后做。

三、抹底层灰

1. 正面灰饼完成后，依据所做灰饼，在垛的两侧面上抹灰反粘八字靠尺，靠尺棱边与灰饼相平；
2. 竖向用线锤吊直，依靠尺为准，在正面抹 1∶3 水泥砂浆，用短靠尺刮平，木抹子搓平；
3. 按照设计图垛所在轴线位置，将垛的中心线弹在抹好底层灰的正面上；
4. 将侧面的靠尺起掉，刮干净后正粘在抹好底层灰的正面阳角边上；
5. 用钢卷尺在上、下各量出 1/2 设计垛宽（减去面层灰厚度）尺寸的两个点，中间拉直线找直；
6. 依靠尺在垛侧面上部做水平筋或近阴角做灰饼；
7. 再依正面抹好的底层灰或墙面为准，用方尺把水平筋或阴角灰饼找方；
8. 用上述同样的方法做出下部若干标筋或灰饼；
9. 以靠尺和标筋在侧面抹灰、刮平、搓平。

四、抹面层灰

面层灰一般先抹侧面，后抹正面。

1. 抹侧面时，先在正面阳角处抹灰反粘八字靠尺，以中心线为准向两边量 1/2 设计垛宽，控制侧面灰层厚度和垛宽尺寸及垛位的偏正；
2. 采用抹底层灰相同的方法找方、抹灰、刮平、搓平，用钢抹子压光；
3. 将八字靠尺正贴在排垛两端两个垛的外边侧面，用卡子卡住，拉通线控制垛正面罩面灰厚度；
4. 各垛侧面粘好的八字靠尺要竖向挂垂线吊直，再依靠尺抹灰、刮平、搓平、压光；
5. 如果分格，要在抹底层灰后弹出分格线，粘好分格条。正面水平方向要拉通线控制水平和薄厚，侧面水平方向要用水平尺找平，并用方尺把阴阳角找方。抹面层灰时靠尺可依分格条找直。

5.9 水 刷 石

一、墙、柱面抹水刷石

1. 基层处理

抹水刷石前，将基层清理干净，堵严脚手眼，检查墙、柱面的平整度和垂直度，混凝土基层如有凸出部位应凿平。视墙、柱面干湿程度酌情浇水湿润。

2. 水泥石子浆拌制

水刷石一般选用小八厘和中八厘石子。先把石子过筛，除掉泥土、砂子和草根等杂物，用水冲洗干净，晾干备用。

水泥石子浆的配合比：用小八厘时，水泥:石子 = 1:1.5；用中八厘时，水泥:石子 = 1:1.25。水泥石子浆使用的稠度值按石子粒径不同而在 4~6cm 之间（粒径越大，稠度值应越小；粒径越小，则稠度值越大）。

水泥石子浆多为人工拌制，拌制时要控制好用水量，一次不能放太多，要边拌合边加水，充分拌合。如果夏季施工，为减缓水泥石子浆的凝结速度和利于冲刷，可以在石子浆中掺入一定量的石灰膏或用石灰水拌合。

3. 抹底层灰

水刷石面层的底层灰：砖基层用 1:3 水泥砂浆，混凝土基层用水泥混合砂浆。

底层灰的做法同砖墙面抹水泥砂浆。做灰饼、冲筋、装档完成后，用木杠刮平，稍吸水用木抹子搓毛。

4. 粘分格条

按设计要求弹出分格线，粘贴分格条。粘贴分格条的做法同砖墙面抹水泥砂浆。分格条要横平、竖直，在同一平面上。

5. 抹水泥石子浆面层

（1）先用素水泥浆在底层灰上抹 1～2mm 厚的粘结层；

（2）再依分格条填抹水泥石子浆。抹石子浆时手腕要用力，从上到下，从左到右依次进行，每抹子间的接槎要压平；

（3）抹完一个分格空间，用小木杠轻轻刮平，低洼处补上水泥石子浆，用铁抹子压实、拍平，再从下向上走竖抹子捋一遍，以增加水泥石子浆的密度和粘结力；

（4）如果面层抹完后比较软，但不流坠，可以先放置不动，使其自然吸水凝固，而去抹另一个分格空间；

（5）待第一个分格达到较好状态时，再进行修整、压平。如果局部比较软，有流坠的可能，要用干水泥吸水后，刮掉吸过水的水泥进行修整。如果有局部比较干燥，可用刷子蘸水刷或用喷浆泵喷水湿润。

6. 水刷石

水刷石子关键掌握好刷、拍、压工艺。

（1）待面层稍吸水后，用刷子蘸水将表面刷一遍，灰浆被刷带掉至深入石子 0.5mm 左右，使石子均显现出来；

（2）阳角部位刷子要往外刷；

（3）如果石子的分布不均匀，有灰坑处用水泥石子浆补上去，用抹子拍平；

（4）如果石子分布比较理想时，用抹子拍一遍，把表面露出的石子拍平，随后用抹子从下向上竖向捋压一遍；

（5）过半小时左右，如前用刷子带浆，抹子拍实、捋压、平整。通过反复拍、压、刷几道工序，使石子浆抹在墙上密实，粘结好，石子分布均匀；

（6）表面灰浆达到一定强度，对石子产生较好的握裹力时（手指在表面上压无痕迹，刷子刷石子不掉下来），用刷子蘸水把表面灰浆刷掉，使石子露出灰浆表面 1/3 粒径；

（7）用壶嘴直径 5mm 的小水壶，从上向下冲洗干净。

二、窗台抹水刷石

窗台是由顶面、底面、正立面和两个小侧面组成的多面组合部位，施工相对比较繁琐。

1. 抹底层灰

窗台抹水刷石的底层灰做法同砖墙面抹石灰砂浆中的 5.1 节一、3，但要在抹好底层灰后距正面 10mm 的底面，与正面平行粘贴一根米厘条，以做滴水槽。

2. 抹面层灰

(1) 抹面层水泥石子浆时，要在正面底层灰上抹水泥石子浆反粘上、下两根八字靠尺，两靠尺要水平且相互平行，下靠尺比底面米厘条面略低或相平，上、下靠尺对棱宽度应与设计的窗台宽度一致。

(2) 抹底面水泥石子浆，抹压修整方法同墙柱面水刷石。在抹压和冲刷底面的时间间隙中，可用 1:2 水泥砂浆把顶面抹平、压光，也可以用水泥石子浆把顶面抹平、压光，顶面要有泛水坡度。

(3) 顶面压光、底面冲刷完后，起下靠尺刮干净，用卡子卡在上、下面，使上下靠尺边竖向在一条垂直线上，且两尺平行，出墙尺寸一致。

(4) 依上下靠尺间用水泥石子浆把正立面抹平，并在抹好的立面两端粘上小靠尺，调整好小侧面的厚度，把小靠尺竖向吊垂直，依小靠尺用水泥石子浆把侧面抹平。

(5) 分别对正立面和小侧面进行修整、刷、拍、压。

(6) 待面层浆达到一定强度时，进行冲刷。冲刷干净后，等水落下即可拆除靠尺，用刷子向底面甩水，再用另一干净刷子把甩上的水蘸干。

(7) 底面的滴水槽米厘条可以随之起出，也可以第二天再起，米厘条起出后，把滴水槽用素水泥浆勾好。

5.10 干 粘 石

干粘石抹灰按操作方法分手工和机喷两种。

房屋底层不宜采用干粘石。干粘石面层所用的石子粒径为4~6mm。

一、手工干粘石

1. 基层处理

清除干净基层表面，修补脚手眼，浇水湿润基层。

2. 抹底层灰

干粘石面层的底层灰用1:3水泥砂浆，具体抹灰方法可参照砖墙面抹水泥砂浆。

3. 粘分格条

按照设计要求，在底层灰上用墨汁弹出分格线，具体操作方法可参照砖墙面抹水泥砂浆中粘贴分格条。

4. 抹粘结层和粘石子

抹粘结层前，先将底层灰表面浇水湿润。

（1）刷水灰比为0.4~0.5的水泥浆，随即涂抹1:3水泥砂浆或聚合物水泥砂浆粘结层，粘结层厚度一般为4~6mm，砂浆稠度不应大于8cm；

（2）将石子甩粘在粘结层上，要甩得均匀，随即用辊筒或铁抹子将石子压平压实，使石子嵌入粘结层砂浆的深度不得小于粒径的1/2；

（3）粘阳角时，先根据粘结层厚度反粘八字靠尺，甩粘一面石子后，再正粘八字靠尺，甩粘另一面的石子，使阳角粘上石子不露黑边。

（4）水泥砂浆或聚合物水泥砂浆粘结层在硬化期间，应保持温润。

（5）分格条可以在干粘石面层施工完成后就起出，也可以在粘结层砂浆干燥硬结后起出。分格条起出后，用溜子把分格缝勾平、溜光。

二、机喷干粘石

1. 基层处理

清扫干净基层表面，混凝土墙面应浇水湿润，夏季要浇透。

2. 抹底层灰、粘分格条

砖墙面底层灰采用1:3水泥砂浆，厚度12mm；混凝土墙面或滑模、大模板墙面底层灰采用1:1水泥砂浆（按水泥重量掺8%的108胶水），厚度2mm。抹底层灰的操作方法同前。底层灰抹好后，粘分格条，操作方法同前。

3. 抹粘结层

砖墙面粘结层采用水泥砂浆或聚合物水泥砂浆，混凝土墙面或滑模、大模板墙面粘结层采用1:2水泥砂浆（掺8%的108胶水）。抹粘结层的操作方法同前。

4. 喷石子

喷石子是利用一台空气压缩机和喷枪进行操作。喷石子时，一名操作者手握喷枪柄，喷头对准墙面，保持距墙面300~400mm。喷石子时的气压以0.6~0.8MPa为宜，应喷得均匀，不得露喷。另一人随后用抹子将石子拍平拍实，石子嵌入粘结层砂浆的深度不得小于粒径的1/2。最后，待有一定强度时进行洒水养护。

干粘石要表面平整，石子分布均匀、密实，无露浆和露粘石子及黑边现象。

5.11 水 磨 石

水磨石面层所用石子粒径为4~6mm。

一、基层处理

清除干净基层表面，并洒水润湿。

二、抹底层灰

水磨石面层的底层灰采用1:3水泥砂浆，具体做法可参照砖墙面抹水泥砂浆中抹底层灰。

三、粘分格条

先在底层灰表面上弹出分格线，依线用素水泥浆把分格条粘贴在底层灰上，要求粘贴牢固，横平竖直，圆弧均匀，角度准确。分格条可采用铜条、铝合金条或玻璃条。

四、抹面层

分格条粘固后，洒水润湿底层灰表面，刮抹一道水灰比为 0.37~0.4 的水泥浆，随即将拌好的水泥石子浆（1:1.5）抹在各分格条之间的墙面上，分遍拍平压实。水泥石子浆应高出分格条 1mm 左右，石子应分布均匀、紧密。

五、磨光

待水泥石子浆凝固到石子不松动时，即可开磨。

1. 头遍用 60~80 号粗金刚石，边加水边磨，磨到石子显露为准，用水冲洗稍干后，擦上同色水泥浆，养护约 2d。

2. 第二遍用 100~150 号中金刚石，边加水边磨，磨到表面光平，用水冲洗稍干后，擦上同色水泥浆，养护约 2d。

3. 第三遍用 180~240 号细金刚石，边加水边磨，磨到表面光亮，用水冲洗擦干。

4. 第四遍先在水磨石表面涂擦草酸，再用 280 号油石细磨，磨到出白浆为止，用水冲洗晾干后，上蜡擦亮。

同一面层上如有几种不同颜色时，应先做深色，后做浅色，待前一种色浆凝固后，再做后一种色浆。

水磨石面层中的分格条不用起出。

5.12 斩 假 石

斩假石，又称剁斧石。斩假石面层宜用 1:1.25 水泥米粒石子浆（米粒石内掺 30% 石屑）。

一、基层处理

清除干净基层表面，并洒水润湿。

二、抹底层灰

斩假石面层的底层灰采用 1:3 水泥砂浆，具体做法可参照墙面抹水泥砂浆中抹底层灰。

三、粘分格条

先在底层灰表面弹出分格线，依线用素水泥浆把木分格条粘在底层灰上。要求横平竖直，交接严密。

四、抹面层

分格条粘固后，洒水润湿底层灰表面，刮抹一道水灰比为 0.37~0.4 的素水泥浆，随即在各分格条之间的墙面上分两遍抹水泥米粒石子浆，第一遍薄薄抹一层，稍吸水后，再抹第二遍。一个分格块内的水泥米粒石子浆抹完后，要用小木杠依分格条刮平，有低洼处及时补平，用抹子压平、压光，稍收水后再压一遍，终凝前再压一遍。

五、斩石

水泥米粒石子浆凝固到石子经斧斩不松动时，即可开剁。斩剁的纹路应按照设计要求。如果设计无要求时，一般大面积墙面宜竖向剁纹或横竖轮流剁纹，墙角、柱边等处宜横向剁纹。为了美观，在棱角及分格缝周边留 20mm 不剁，作为镜边。斩剁时，剁斧垂直于墙面剁向面层，一般剁纹深度不应超过石子粒径的 1/3。

剁纹完成后，用水冲洗干净墙面，起出分格条，用素水泥浆把分格缝勾好。

5.13 拉条灰

拉条灰面层所用砂浆依条形粗细而定。细条形拉条灰一般采用 1:0.5:2 水泥混合砂浆（略加细纸筋）。粗条形拉条灰一般采用 1:0.5:2.5 水泥混合砂浆（略加细纸筋）做底层，1:0.5 水泥石灰浆（略加细纸筋）做面层。

一、基层处理

清理干净基层表面，并浇水湿润。

二、抹底层灰

砖墙面的底层灰采用 1:0.5:1 水泥混合砂浆，混凝土墙面的底层灰采用 1:3 水泥砂浆，具体做法参照砖墙面抹水泥砂浆中抹底层灰。

三、粘贴拉模导轨

按墙面尺寸确定拉模宽度,弹线划分竖格(即竖向导轨线),用素水泥浆把木导轨粘贴在底层灰面上。导轨应垂直平行,轨面平整。

四、抹面层灰

木导轨粘牢后,洒水润湿墙面,刮抹一道水灰比为0.4的素水泥浆,随即抹面层砂浆。拉条灰面层应按竖格连续作业,一次抹完,要抹得平整,上下端灰口应齐平。待面层砂浆收水后,用拉模靠在木导轨上从上向下拉动,使抹灰层形成竖向条形。

做完面层后,取下木导轨,用同样的砂浆把导轨留下的凹槽修饰整齐。

拉条灰立面及拉模如图5-4所示。

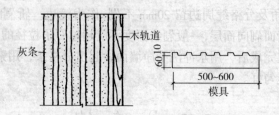

图5-4 拉条灰立面及拉模

5.14 甩毛灰

甩毛灰面层采用1:1水泥砂浆。

一、基层处理

清理干净基层表面,并浇水润湿。

二、抹底层灰

砖墙面的底层灰宜用1:1:6水泥混合砂浆,中层灰宜用

1:1:4水泥混合砂浆；混凝土墙面的底层灰宜用1:3水泥砂浆，中层灰宜用1:2.5水泥砂浆；具体做法参照墙面抹水泥砂浆中的有关部分。

三、甩毛头

甩毛头前，先在中层灰上刮抹一道水泥色浆，随即用竹丝帚蘸上面层砂浆甩粘在中层灰面上，然后用铁抹子轻轻压平。

墙面甩毛头应自上而下，每次甩灰的角度应一致。甩出的毛头应呈云朵状，大小相称，分布均匀，既不能杂乱无章，也不能像排队一样齐整；云朵和垫层的颜色要协调，且互相衬托，形成自然、古朴、洒脱、天然感。

如果设计有分格缝时，要粘好分格条，甩粘完面层灰后，起出分格条，用溜子勾好分格缝。一般小面积多不设分格缝。

5.15 喷 涂

喷涂是把聚合物水泥砂浆用喷涂机械喷涂于墙（板）表面的一种装饰工艺。

一、施工准备

1. 材料

喷涂面层的种类常采用波面和粒状。其砂浆配合比应符合表5-1的要求。

喷涂砂浆配合比 表5-1

饰面做法	水泥	颜料	砂	木质素磺酸钙	聚乙烯醇缩甲醛胶	石灰膏	砂浆稠度(cm)
波面	100	适量	200	0.3	10~15	—	13~14
	100	适量	400	0.3	20	100	13~14
粒状	100	适量	200	0.3	10	—	10~11
	100	适量	400	0.3	20	100	10~11

2. 工具

0.3~0.6m³/min 空气压缩机，挤压式砂浆输送泵、振动筛、喷枪、喷斗、胶管及砂浆搅拌机具等。

3. 基层处理

清理干净基层表面，并浇水润湿，用 1:3 水泥砂浆抹底层，木抹子搓平。滑模、大模板混凝土墙体可以不抹底层砂浆，只作局部找平，但表面必须平整；喷涂前先喷刷一道 1:3（108 胶：水）108 胶水溶液，以保证涂层的粘结牢固。

门窗和不做喷涂的部位，应采取措施，防止污染。

二、喷涂面层

喷涂面层厚度为 3~4mm，分遍成活。每遍不宜太厚，不得流坠。

1. 波面喷涂

用喷枪喷三遍。喷涂时，喷枪应垂直于墙面，距墙面约 500mm，空压机工作压力为 0.3~0.5MPa。第一遍使基面变色，第二遍喷至出浆不流为宜，第三遍喷到全部出浆。要求喷涂面呈均匀波纹状、不挂流，颜色一致。

2. 粒状喷涂

用喷斗喷三遍。喷涂时，喷斗距墙面约 400mm。喷粗、大点时，砂浆宜稠，气压宜小；喷细、小点时，砂浆宜稀，气压宜大。第一遍满喷盖住基面，稍干收水后开足气门喷布碎点，并快速移动喷头，勿使出浆。第二遍、第三遍应有适当间歇，以基面布满细碎颗粒，颜色均匀不出浆为准。

3. 防水剂喷涂

面层干燥后，喷甲基硅醇钠溶液（甲基硅醇钠:水 = 1:9）一遍，喷量以表面均匀湿润为准。

5.16 滚 涂

滚涂是在墙面抹好聚合物砂浆后，用各种花纹的滚子在砂浆表面滚出不同花纹的一种装饰工艺。

一、施工准备

1. 材料

滚涂抹灰所用材料有：普通水泥砂浆加108胶，普通水泥应选用32.5级以上；彩色水泥砂浆应用白水泥掺加不超过5%的耐光、耐碱的矿物颜料；骨料采用有一定颜色的中砂或色石渣，石屑过3mm筛。

2. 工具

胶辊子或泡沫辊子。

3. 基层处理

清理干净基层表面，并浇水润湿。

二、抹底层灰

砖墙面抹底层灰采用1:3水泥砂浆，具体做法可参照砖墙面抹水泥砂浆中抹底层灰。

滑模、大模板混凝土墙体，基面不平处以及缺棱掉角处，用1:3水泥砂浆或聚合物水泥砂浆修补平整，抹面层前先刷一道1:3（胶:水）108胶水溶液。

三、抹面层灰和滚涂

1. 粘分格条

按照设计分格位置，在底层灰面上弹出分格线，用108胶布条粘上分格条。

2. 抹面层灰和滚涂

抹面层灰和滚涂应两人配合进行。一人在前依分格块，逐块抹上面层灰；抹面层灰时，要先薄薄刮抹一遍，而后再找平；一般厚度为3mm。抹完面层后，另一人紧跟着用辊子在面层砂浆表面滚拉出毛尖和花纹。滚涂时，要用力均匀，运辊平直，一次到头。

滚涂有干滚和湿滚两种方法。干滚法是用辊子上下一个来回，再向下滚一遍，滚到表面均匀拉毛即可。湿滚法要求滚涂时辊子蘸水，也是上下一个来回，再向下滚一遍，滚涂时要注意整个滚涂面用水量一致,以免造成表面色泽不一。

面层干燥后,喷涂甲基硅醇钠溶液一遍。

5.17 弹 涂

弹涂是用弹涂器把彩色聚合物砂浆弹粘在涂刷过衬底浆的顶棚、墙等面层上的一种装饰工艺。

一、施工准备

1. 材料

弹涂面层采用聚合物水泥砂浆,其配合比应符合表5-2的要求。

弹涂砂浆配合比(%)　　　　表5-2

项 目	水 泥	颜 料	水	聚乙烯醇缩甲醛胶
刷底色浆	普通水泥100	适量	90	20
	白水泥100	适量	80	13
弹花点	普通水泥100	适量	55	14
	白水泥100	适量	45	10

注:普通水泥应不低于32.5级。

2. 工具

弹涂用的弹涂器有手动及电动两种。手摇弹涂器如图5-5所示。

3. 基层处理

清扫干净基层表面,并浇水润湿。砖墙用1:3水泥砂浆抹底,搓平,搓细,做法可参照砖墙抹水泥砂浆中抹底层灰,混凝土墙用聚合物水泥砂浆修补平整。

二、刷底色浆

先在底层灰面上洒水润湿,然后刷底色浆一遍,要刷得均匀。

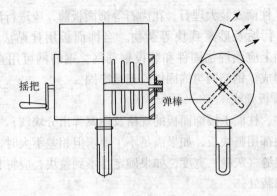

图 5-5 手摇弹涂器

三、弹涂

底色浆稍干后,把调好的弹点色浆装入弹涂器内,弹涂器接近墙面,并控制好距离,手摇弹涂器柄,色浆即被弹涂到墙面上。

弹涂时,要依色浆掺加颜料比例多少而定顺序,一般应先弹比例多的一种色浆,后弹比例少的一种色浆。第一遍色浆要分数次弹涂,每次约弹涂 20% 左右;第二遍色浆在第一遍色浆稍干后即可进行弹涂,把第一遍色浆不匀及露底处覆盖。弹点大小应均匀,呈圆粒状,粒径约 2~5mm。如果需要压花的弹点饰面,弹点不宜过密,弹完后用胶辊蘸水将凸起的色浆点轻轻压平。

弹涂点干透后,用喷枪或羊毛辊滚涂聚乙烯醇缩丁醛酒精溶液(1:16)罩面剂一遍。

5.18 饰面板安装

饰面板包括大理石、花岗岩板和预制水磨石板等。
饰面板安装方法有挂贴、粘贴和干挂三种。
一、施工准备
1. 基层处理

墙、柱面安装大理石、花岗石等饰面板前,应进行清扫,除去灰尘、污垢及砂浆残块等杂物。当饰面板用挂贴法安装时,墙、柱面上应预埋锚固件和装设钢筋网,钢筋网可用直径6mm的钢筋焊成。钢筋网与锚固件应连接牢固。

2. 排板弹线

在墙、柱面上按饰面板的规格及图案弹出分块线,争取整个墙、柱面都用整块板,如果满足不了要求但相差不大时,可以适当调整接缝(灰缝)宽度,如果确定排不到整块,应将非整块板排到较隐蔽处。

饰面板的接缝宽度如设计无要求时,应符合表5-3的规定。

饰面板的接缝宽度　　　　　　　　表5-3

名　　称		接缝宽度(mm)
天然大理石板、花岗石板	光面、镜面	1
	粗磨面、麻面、条纹面	5
	天然面	10
人造石	大理石、花岗石板	1
	水磨石板	2

3. 选板

按品种、规格和颜色进行分类选配,并将其侧面和背面清扫干净,修整边缘。当采用挂贴、干挂法进行安装饰面板,应在每块板的上、下边打孔,打孔数量每边均不少于两个,孔中穿上防锈金属丝,以作系固之用。

二、施工方法

1. 挂贴法

用挂贴法安装饰面板,墙、柱面上应有锚固件和钢筋网。挂贴法是较常使用的施工方法。

安装时,板对准位置,将其穿过孔眼的金属丝绑牢于钢筋网上，并使板面平整、垂直及板的上沿平顺。接缝宽度用垫木楔调整。当一层板安装完毕后，用麻丝或泡沫塑料条填塞接缝，浇水润湿板背面和墙、柱表面，再分层灌 1:2.5 水泥砂浆，每层灌注高度为 150~200mm，且不得大于板高的 1/3，用插钎将砂浆插捣密实。待其初凝后，应检查板面的位置，如移动错位应拆除重新安装；若无移动，方可灌注上层砂浆，施工缝应留在饰面板的水平接缝以下 50~100mm 处；如此逐层安装逐层灌注砂浆。待砂浆硬化后，将麻丝或塑料条清除。

2. 干挂法

用干挂法安装饰面板，是一种板材安装的先进方法，国内 20 世纪 80 年代开始干挂工艺，现在高级装饰石材大多用干挂法施工。有的已经形成工法。

安装时，板对准位置，将板上连接件与墙、柱面上的锚固件用螺栓连接牢固，接缝宽度用垫木楔调整，使板面平整、垂直及板上沿平顺。

干挂板材厚均在 2cm 以上，连接膨胀螺栓用不锈钢或镀锌螺栓。饰面板无连接孔时，在现场加工。安装时，应将饰面板对准位置附贴在墙、柱面上，用电钻在板的四角处钻孔，孔一直钻到混凝土墙、柱结构中，孔深依据膨胀螺栓长度而定。板面孔径应稍大一些，使螺帽或销钉进板面孔槽中。在钻孔中塞进螺栓杆，套上螺帽拧紧固定板与墙、柱面上，用垫木楔调整接缝宽度，使板面平整、垂直及板上沿平顺，板缝用密封胶填封。

3. 粘贴法

浇水润湿墙、柱表面，用 1:3 水泥砂浆找平刮糙；光滑的墙、柱表面应处理粗糙。

粘贴时，在墙、柱面上和饰面板背面抹水泥砂浆或 108 胶水泥砂浆或胶粘剂，对准位置，将饰面板粘贴到墙、柱面上，并保持饰面板面平整、垂直及四周接缝宽度均匀一致。如果饰面板的面积较大，粘贴后应用支撑、木板等临时撑住，待砂浆或胶粘剂凝固后，拆除支撑。

4. 接缝处理

室内安装光面和镜面天然石饰面板。接缝应干接，并用与饰面板相同颜色的水泥浆勾缝。

室外安装光面和镜面天然石饰面板，接缝可干接或在水平缝中垫硬塑料板条，待砂浆硬化后，将塑料板条剔出，用水泥细砂浆勾缝。干接缝应用与饰面板相同颜色的水泥浆填平或用密封胶填缝。

粗磨面、麻面、条纹面、天然面饰面板的接缝和勾缝应用水泥砂浆，勾缝深度应符合设计要求。

人造石饰面板的接缝宜用与饰面板相同颜色的水泥浆或水泥砂浆抹勾严实。

饰面板安装完工后，表面应清洗干净。光面和镜面板经清洗晾干后，方可打蜡擦亮。

5.19 饰面砖镶贴

饰面砖包括釉面砖、外墙面砖、陶瓷锦砖、玻璃锦砖等。

一、基体处理

饰面砖应镶贴在湿润、干净的基层上，并应根据不同的基体，进行如下处理：

1. 纸面石膏板基体

将板缝用嵌缝腻子嵌填密实，并在其上粘贴玻璃丝网格布（或穿孔纸带），形成整体。

2. 砖墙基体

将砖墙用水湿透后，用1:3水泥砂浆抹底，木抹子搓平，隔天浇水养护。

3. 混凝土基体

对混凝土基体表面，应采用聚合物水泥砂浆或水泥砂浆或界面处理剂做结合层（可酌情选用下述方法之一）：

（1）将混凝土基体表面凿毛后用水润湿，刷一道108胶水泥浆，抹1:3水泥砂浆，木抹子搓平，隔天浇水养护。

(2) 将1:1水泥细砂浆（内掺20％108胶）喷式甩到混凝土基体表面上，作"毛化处理"，待其凝固后，抹1:3水泥砂浆，木抹子搓平，隔天浇水养护。

(3) 用界面处理剂涂刷基体表面，待其表干后，抹1:3水泥砂浆，木抹子搓平，隔天浇水养护。

4. 加气混凝土、轻质砌块基体

对加气混凝土、轻质砌块等基体，若采用外墙饰面砖，必须有可靠的粘结质量措施（可酌情选用下述方法之一）：

(1) 用水润湿基体表面，修补缺棱掉角处。修补前，先刷一道108胶水泥浆，用1:3:9水泥混合砂浆分层补平；隔天再刷108胶水泥浆（整个基体表面），抹1:1:6水泥混合砂浆，木抹子搓平，隔天浇水养护。

(2) 用水润湿基体表面，在缺棱掉角处刷108胶水泥浆一道，用1:3:9水泥混合砂浆分层补平，待其干燥后，在整个基体表面钉金属网一层并绷紧；在金属网上分层抹1:1:6水泥混合砂浆，砂浆与金属网应结合牢固，最后用木抹子轻轻搓平，隔天浇水养护。

二、面砖粘贴

外墙面砖宜自上而下粘贴，分段施工时应自下而上粘贴；内墙面砖宜自下而上粘贴。

面砖粘贴可按下列工艺流程施工：处理基体→抹找平层→刷结合层→排砖、分格、弹线→粘贴面砖→勾缝→清理表面。

1. 抹找平层

在基体处理完毕后，将基体表面润湿，并按设计要求在基体表面刷聚合物水泥浆结合层，然后进行挂线、抹灰饼、冲筋，其间距不宜超过2m。

找平层应分层施工，严禁空鼓，每层厚度不应大于7mm，且应在前一层终凝后再抹后一层；找平层总厚度不应大于20mm，若超过此值必须采取加固措施。找平层的表面应刮平搓毛，并在终凝后浇水养护。

找平层的表面平整度允许偏差为 4mm，立面垂直度允许偏差为 5mm。

2. 刷结合层

在找平层上刷一道聚合物水泥浆结合层。

3. 排砖、分格、弹线

按照设计要求进行排砖，并确定接缝宽度、分格。处墙面砖接缝宽度不应小于 5mm，不得采用密缝。排砖宜使用整砖，对必须使用非整砖的部位，非整砖宽度不宜小于整砖宽度的 1/3；如遇有突出的管线、灯具、卫生设备的支承等，应用整砖套割吻合，不得用非整砖拼凑粘贴。

在墙面两端各弹一条垂直线，在离地面（或分段处）一块面砖高度位置弹一条水平线，以此水平线作为粘贴面砖的控制线。

4. 粘贴面砖

（1）粘贴前应对面砖进行挑选，浸水 2h 以上并清洗干净，待表面晾干后方可粘贴。

粘贴面砖的基层含水率宜为 15%~25%。

（2）粘贴面砖可采用 1:2 水泥砂浆（宜掺入不大于水泥重量 15% 的石灰膏），砂浆厚度宜为 4~8mm；也可采用胶粘剂或聚合物水泥浆。胶粘剂应根据面砖材料、基体材料选用，聚合物水泥浆的配合比由试验确定。

（3）粘贴面砖时，应先粘贴墙面两端（靠垂直线）的两块面砖，再依此拉线粘贴中间部分面砖，每行面砖宜从左向右粘贴。水平线以下的一行面砖最后粘贴。

（4）在砂浆粘结层初凝前或允许的时间内，可调整面砖的位置和接缝宽度，使之附线并敲实。在初凝后或超过允许的时间后，严禁振动或移动面砖。

（5）墙面阴阳角处宜采用异型角砖，阳角处也可采用边缘加工成 45°角的面砖对接。在水平阳角处，顶面排水坡度不应小于 3%；应采用顶面面砖压立面面砖，立面最低一排面砖压底平面面砖等做法，并应设置滴水构造。

(6) 对窗台、檐口、装饰线、雨篷、阳台和落水口等墙面凹凸部位，应采用防水和排水构造。

(7) 墙体变形缝两侧粘贴的外墙面砖，其间的缝宽不应小于变形缝的宽度。

(8) 外墙面砖粘贴应设置伸缩缝。竖直向伸缩缝可设在洞口两侧或与横墙、柱对应的部位；水平向伸缩缝可设在洞口上、下或与楼层对应处。伸缩缝的宽度可根据当地的实际经验确定。伸缩缝应采用柔性防水材料嵌缝。

5. 勾缝

勾缝应按设计要求的材料和深度进行。如设计无要求，室外面砖应用水泥浆或水泥砂浆勾缝，缝深不宜大于 3mm，也可以采用平缝；室内面砖宜用与面砖相同颜色的石膏灰或水泥浆嵌缝，潮湿的房间不得用石膏灰嵌缝。

勾缝或嵌缝宜按先水平后垂直的顺序进行。勾缝应连续、平直、光滑、无裂纹、无空鼓。

勾缝或嵌缝后，应及时将面砖表面擦干净。

三、锦砖粘贴

外墙玻璃锦砖应自上而下粘贴，分段施工时应自下而上粘贴；内墙陶瓷锦砖应自下而上粘贴。整间或独立部位宜一次完成。

锦砖粘贴可按下列工艺流程施工：处理基体→抹找平层→刷结合层→排砖、分格、弹线→粘贴锦砖→揭纸、调缝→清理表面。

1. 抹找平层、刷结合层

具体做法同粘贴面砖。

2. 排砖、分格、弹线

应按设计要求和每联锦砖尺寸进行排砖，弹出分格线和控制线，方法同粘贴面砖，并按图案形式在墙面分格框内及锦砖背纸上编号。

3. 粘贴锦砖

粘贴锦砖宜用水泥浆或聚合物水泥浆粘结材料。

粘贴锦砖的基层含水率宜为15%~25%。

粘贴锦砖时,将锦砖背面的缝隙中刮满粘结材料后,再刮一层厚度为2~5mm的粘结材料,对准编号位置,从下口分格线向上粘贴锦砖,并压实拍平。

4. 揭纸、调缝、清理表面

在粘结材料初凝前,将锦砖背纸刷水润透,轻轻揭去背纸,并及时修补表面缺陷,调整缝隙,然后用与锦砖相同颜色的水泥浆将未填实的缝隙嵌实、嵌平。

嵌缝后应及时将表面清理干净。

5.20 墙、柱面抹灰及饰面质量要求

一、抹灰质量要求

1. 材料的品种、性能及砂浆的配合比等应符合设计要求。水泥的凝结时间和安定性复验应合格。

2. 抹灰层与基层之间及各抹灰层之间必须粘结牢固,抹灰层应无脱层、空鼓,面层应无爆灰和裂缝。

3. 不同材料基体交接处表面的抹灰,应采取防止开裂的加强措施,当采用加强网时,加强网与各基体的搭接宽度不应小于100mm。

4. 护角、孔洞、槽、盒周围的抹灰表面应整齐、光滑;管道后面的抹灰表面应平整。

5. 抹灰分格缝的设置应符合设计要求,宽度和深度应均匀,表面应光滑,棱角应整齐。

6. 有排水要求的部位应做滴水线(槽)。滴水线(槽)应整齐顺直,滴水线应内高外低,滴水槽的宽度和深度均不应小于10mm。

7. 一般抹灰工程的表面质量应符合下列规定:

(1) 普通抹灰：表面应光滑、洁净，接槎平整，分格缝应清晰。

(2) 高级抹灰：表面应光滑、洁净、颜色均匀、无抹纹，分格缝和灰线应清晰美观。

8. 装饰抹灰工程的表面质量应符合下列规定：

(1) 水刷石：表面应石粒清晰、分布均匀、紧密平整、色泽一致，应无掉粒和接槎痕迹。

(2) 水磨石：表面应平整、光滑，石子显露均匀，无砂眼、磨纹和漏磨处，分格条位置准确，全部露出。

(3) 斩假石：表面剁纹应均匀顺直、深浅一致，无漏剁处；阳角处应横剁并留出宽窄一致的不剁边条，棱角应无损坏。

(4) 干粘石：表面应色泽一致、不露浆、不漏粘，石粒应粘结牢固、分布均匀，阳角处应无明显黑边。

(5) 拉条灰：表面应光滑、洁净。拉条清晰顺直、深浅一致，上下端头齐平。

(6) 甩毛灰：表面花纹、斑点应分布均匀，不显接槎。

(7) 喷涂、滚涂、弹涂：表面应颜色一致，花纹大小均匀，不显接槎。

(8) 假面砖：表面应平整、沟纹清晰、留缝整齐、色泽一致，无掉角、脱皮和起砂缺陷。

9. 一般抹灰工程质量的允许偏差应符合表 5-4 的规定。

一般抹灰工程质量的允许偏差　　　　表 5-4

项　目	允许偏差（mm）		检验方法
	普通抹灰	高级抹灰	
立面垂直度	4	3	用 2m 垂直检测尺检查
表面平整度	4	3	用 2m 靠尺和塞尺检查
阴阳角方正	4	3	用直角检测尺检查
分格条（缝）直线度	4	3	拉 5m 线，不足 5m 拉通线，用钢直尺检查
墙裙、勒脚上口直线度	4	3	

注：普通抹灰，本表阴角方正可不检查。

10. 装饰抹灰工程质量的允许偏差应符合表 5-5 的规定。

装饰抹灰工程质量的允许偏差　　　表 5-5

项目	允许偏差（mm）				检验方法
	水刷石	斩假石	干粘石	假面砖	
立面垂直度	5	4	5	5	用 2m 垂直检测尺检查
表面平整度	3	3	5	4	用 2m 靠尺和塞尺检查
阳角方正	3	3	4	4	用直角检测尺检查
分格条（缝）直线度	3	3	3	3	拉 5m 线，不足 5m 拉通线，用钢直尺检查
墙裙、勒脚上口直线度	3	3	—	—	

二、饰面质量要求

1. 饰面板（砖）的品种、规格、颜色、图案和性能应符合设计要求。

2. 饰面板孔、槽的数量、位置、尺寸以及安装所用的预埋件（或后置埋件）、连接件的数量、规格、位置、连接方法和防腐处理必须符合设计要求。后置埋件的现场拉拔强度必须符合设计要求。饰面板安装必须牢固。

3. 饰面砖粘贴必须牢固。满粘法施工的饰面砖应无空鼓、裂缝。

4. 采用湿作业法施工的饰面板工程，石材应进行防碱背涂处理。饰面板与基体之间的灌注材料应饱满、密实。

5. 饰面砖粘贴工程的找平、防水、粘结和勾缝材料及施工方法应符合设计要求和国家现行产品标准和工程技术标准的规定。

6. 饰面板（砖）表面应平整、洁净、色泽一致，无裂痕和缺损。石材表面应无泛碱等污染。

7. 饰面板（砖）嵌缝应密实、平直、光滑，宽度和深度应符合设计要求，嵌填材料色泽应一致。

8. 饰面板（砖）阴阳角处搭接方式、非整板（砖）使用部位应符合设计要求。

9. 饰面板上的孔洞应套割吻合，边缘应整齐。墙面突出物周围的饰面砖应整砖套割吻合，边缘应整齐。墙裙、贴脸突出墙面的厚度应一致。

10. 有排水要求的部位应做滴水线（槽）。滴水线（槽）应顺直，流水坡向应正确，坡度应符合设计要求。

11. 饰面板（砖）安装（粘贴）的允许偏差应符合表 5-6 的规定。

饰面板（砖）安装（粘贴）的允许偏差　　　表 5-6

项目	允许偏差（mm）						检验方法
	石材			瓷板	外墙面砖	内墙面砖	
	光面	剁斧石	蘑菇石				
立面垂直度	2	3	3	2	3	2	用2m垂直检测尺检查
表面平整度	2	3	—	1.5	4	3	用2m靠尺和塞尺检查
阴阳角方正	2	4	4	2	3	3	用直角检测尺检查
接缝直线度	2	4	4	2	3	2	拉5m线，不足5m拉通线，用钢直尺检查
墙裙、勒脚上口直线度	2	3	3	2	2	2	
接缝高低差	0.5	3	—	0.5	1	0.5	用钢直尺和塞尺检查
接缝宽度	1	2	2	1	1	1	用钢直尺检查

6 地面抹灰施工

建筑地面抹灰工程有建筑物底层地面和楼层地面抹灰两种,同时包括楼梯踏步、室外散水、台阶、坡道和庭园道路等工程。

地面工程施工分为垫层施工和面层施工。而面层施工又包括整体面层和块材面层的施工。

6.1 垫层施工

垫层是承受并传递地面荷载于基土上的构造层。根据垫层构成材料不同,确定垫层名称。

一、灰土垫层

1. 使用材料

(1) 土:尽量采用原土或选用亚粘土、亚砂土,所用的土不得含有机杂质,使用前应过筛。其粒径不得大于 15mm。

(2) 石灰:采用生石灰块,在使用前 3~4 天予以消解,并过筛,其粒径不得大于 5mm。

2. 配合比(体积比)

石灰:土 = 2:8 或 3:7

3. 施工

灰土垫层应铺设在不受地下水浸湿的基土上,其厚度一般不小于 100mm。

(1) 灰土垫层施工前,应先进行验槽,以检查并消除局部软弱层;做好标高测量,弹水平线或在地坪上标桩。

(2) 灰土拌合料应保证配合比准确,拌合均匀,并保持一定的湿度,加水量宜为拌合料总重量的 16%。现场简易判定法:

用手紧握灰土成团,两指轻捏即碎为好。

(3) 灰土应分层随铺随夯,不得隔日夯实,亦不得受雨淋。每层虚铺厚度一般为 150~250mm,夯实至 100~150mm。

(4) 灰土分层铺设时,上下层灰土的接槎应相互错开,其距离不得小于 500mm;施工间歇后继续铺设前,接槎处应清扫干净,并应重叠夯实。夯实后的表面应平整,经适当晾干方可进行下道工序的施工。灰土夯实后的干密度应符合设计要求,一般灰土最低干密度值为:粉土 $1.55g/cm^3$,粉质粘土 $1.5g/cm^3$,粘土 $1.45g/cm^3$。

(5) 灰土垫层施工中,如遇雨水浸泡,则应将积水排完,将松软和过湿灰土铲去,然后补填夯实;如稍受浸湿,则可和下部受浸湿基土一并晾干后,重新夯实。

二、混凝土垫层

1. 使用材料

(1) 水泥:32.5 级以上普通硅酸盐水泥和矿渣硅酸盐水泥。

(2) 砂:中砂或粗砂,其含泥量不大于 3%。

(3) 石料:卵石或碎石,其最大粒径不应大于垫层厚度的 2/3,含泥量不应大于 2%。

2. 配合比

必须符合设计要求。

混凝土垫层所用混凝土的强度等级不应小于 C10。

3. 施工

混凝土垫层是室内楼地面较多使用的一种垫层,其厚度不应小于 60mm。

混凝土垫层施工前,应将基层清理干净,并洒水湿润,刷一道素水泥浆。

(1) 按水平标高和设计要求量出垫层上平面标高。首层地面用木桩做垫层上平标高,楼面用找平墩做垫层上平标高。大面积垫层施工,水平桩、墩间距应在 3m 左右。

(2) 混凝土垫层铺设应连续进行,一般间隔时间不得超过

2h,如停工时间较长,应设施工缝或分块铺设。大面积垫层应分区段进行铺设,区段宽度一般为 3~4m,但应结合变形缝位置、不同材料的地面面层的连接处和设备基础的位置等进行划分。

(3) 垫层中应根据设计要求预留孔洞。

(4) 混凝土铺好后,用平板振捣器振捣至出现浮浆为宜,随后用木杠刮平,木抹搓平。当垫层厚度超过 200mm 时,应采用插入式振捣器振捣密实。

(5) 混凝土捣实后,用 2m 靠尺和楔形塞尺检查平整度,铲高补低,有泛水要求的垫层坡度应符合设计要求。

(6) 混凝土浇铺完应在 12h 内用草帘覆盖,浇水养护不少于 7d。

三、碎(卵)石垫层

1. 使用材料

选用强度均匀、级配适当和未风化的碎石或卵石,其最大粒径不应大于垫层厚度的 2/3。

2. 施工

碎(卵)石垫层施工前,应将基层清理干净,并洒水湿润。根据水平标高和设计要求测量出垫层的上平标高,做出标识。

碎(卵)石垫层应摊铺均匀,厚度不应小于 100mm,表面空隙应用粒径为 5~25mm 的细石子填补。垫层采用机械碾压时,应适当洒水使碎(卵)石表面保持湿润,碾压不应少于三遍,并碾压至不松动为止。如工程量不大,也可采用人工夯实,但必须达到上述要求。

四、砂和砂石垫层

1. 使用材料

天然砂是砂垫层和砂石垫层的主要材料。天然级配砂石或人工级配砂石,宜采用质地坚硬的中砂、粗砂、碎石等。级配砂石料不得含有草根等有机杂质,碎石的最大粒径不得大于垫层厚度的 2/3。冻结的砂或砂石不得使用。

2. 施工

砂垫层厚度不宜小于60mm，应分层铺设夯实或碾实。当基土为非湿陷性土层时，砂可浇水至饱和后进行夯实或碾实，但每层虚铺厚度不应大于200mm。

砂石垫层厚度不宜小于100mm。用人工配制的砂石，最好用搅拌机拌匀后再铺设。铺设时应摊铺均匀，不得有粗细颗粒分离现象。夯或碾压前应根据砂石干湿程度和气候条件，适当洒水使砂石表面保持湿润，其最佳含水率为8%~12%。

砂垫层和砂石垫层采用人工或蛙式打夯机夯实时，应一夯压半夯，夯夯相接，一般不少于三遍，至夯实为止；采用机械碾压时，其轮迹重叠不小于500mm，一般碾压不少于四遍，压至不松动为止。

砂垫层和砂石垫层夯（碾）实后，应用环刀取样测定其干密度，若设计对干密度无规定时，一般干密度取值应大于1.55~1.60g/cm³。

五、炉渣垫层

1. 使用材料

（1）水泥：32.5级以上普通硅酸盐水泥或矿渣硅酸盐水泥。

（2）石灰：采用生石灰，在使用前3~4日予以消解，并过筛，其粒径不得大于5mm。

（3）炉渣：不应含有机杂质和未燃尽的煤块，粒径不应大于40mm，且不得大于垫层厚度的1/2；粒径在5mm以下的，不得超过总体积的40%。

水泥石灰炉渣垫层所用的炉渣，在使用前必须先泼石灰浆或用消石灰拌和浇水闷透。炉渣和水泥炉渣垫层所用的炉渣也应浇水闷透。闷透时间均不得少于5d。

2. 配合比

炉渣垫层拌合料的配合比应符合设计要求。一般情况下的配合比为：

石灰炉渣　　石灰:炉渣 = 1:3

水泥炉渣　水泥:炉渣 = 1:6 或 1:8

水泥石灰炉渣　水泥:石灰:炉渣 = 1:1:8 或 1:1:10 或 1:1:12

3. 施工

炉渣垫层拌合料必须拌合均匀，严格控制加水量，使铺设时不至出现表面沁水现象。

(1) 垫层铺设前，基层应清扫干净，洒水润湿，并刷一道水灰比为 0.4~0.5 的素水泥浆。

(2) 炉渣垫层的厚度不应小于 80mm，若厚度大于 120mm 时，应分层铺设，每层压实后的厚度不应大于虚铺厚度的 3/4。

(3) 虚铺后用木杠刮平，用压滚反复滚压至表面平整、出浆，无颗粒松散为止。

(4) 对墙角、管道周边等不易滚压处，应用木拍板拍打密实。

(5) 炉渣垫层施工过程中，一般不留施工缝。若必须留施工缝，应用木板挡好留槎处；继续施工时，接槎处应刷素水泥浆一道。

(6) 炉渣垫层压实后，应洒水养护，待其凝固后，方可进行下工序施工。

六、三合土[1]

1. 使用材料

(1) 石灰：采用生石灰块，在使用前 3~4 天予以消解，并过筛，其粒径不大于 5mm。

(2) 碎料：采用碎砖、碎石、卵石、不分裂的冶炼炉渣等，其抗压极限强度不应小于 50MPa，粒径不应大于 60mm，且不超过垫层厚度的 2/3，不得夹有瓦片和有机杂质。

(3) 砂：采用中砂和中粗砂，不含有草根等有机杂质。

2. 配合比

石灰:砂:碎料 = 1:2:4 或 1:3:6

---

[1] 碎砖三合土。

3. 施工

三合土垫层的铺设方法有先拌合后铺设和先铺设碎料后灌砂浆两种。

(1) 采用先拌合后铺设的方法时,其配合比应符合设计要求,拌合均匀后进行摊铺。每层虚铺厚度不应大于150mm。铺平夯实后每层厚度为虚铺厚度的3/4。

(2) 采用先铺设碎料后灌砂浆的方法时,碎料应分层铺设平整,每层虚铺厚度不应大于120mm。铺平后适当洒水润湿,然后进行拍实。平整拍实后灌以1:2~1:4石灰砂浆,再行夯实。

(3) 三合土经人工或机械夯打后,表面应平整,搭接处应夯实。

(4) 三合土垫层在硬化期间应避免受水浸湿。

6.2 楼(地)面水泥砂浆面层

一、水泥砂浆地面构造

水泥砂浆地面一般由面层、结合层、垫层、基土或结构层组成,其构造见表6-1、表6-2、表6-3和表6-4,其踢脚线构造见表6-5、表6-6和表6-7。

水泥砂浆地面构造　　表6-1

构造层名称	使用材料		厚度(mm)	说　明
面　层	1:2水泥砂浆		20	
结合层	素水泥浆			
垫　层	1	C10混凝土	50	垫层按设计要求选其中之一
		3:7灰土	100	
	2	C10混凝土	50	
		卵石灌M2.5混合砂浆	150	
	3	1:6水泥焦渣	70	
		3:7灰土	100	
	4	1:6水泥焦渣	70	
		卵石灌M2.5混合砂浆	150	
基　土	素土夯实			

水泥砂浆楼面构造 表6-2

构造层名称	使用材料	厚度（mm）	说 明
面 层	1:2 水泥砂浆	20	垫层厚度应满足不同暗管敷设需要
结合层	素水泥浆		
垫 层	1:6 水泥焦渣	50~90	
结合层	素水泥浆		
结构层	钢筋混凝土楼板		

水泥砂浆浴、厕等房间地面构造 表6-3

构造层名称	使用材料	厚度（mm）	说 明
面 层	1:2 水泥砂浆	20	找平层从门口处向地漏找泛水，最高处60mm厚，最低处不小于30mm厚
结合层	素水泥浆		
	1:2:4 细石混凝土	30~60	
垫 层	1. 3:7 灰土	100	
	2. 卵石灌 M2.5 混合砂浆	150	
基 土	素土夯实		

水泥砂浆浴、厕等房间楼面构造 表6-4

构造层名称	使用材料	厚度（mm）	说 明
面 层	1:2 水泥砂浆	20	找平层从门口处向地漏找泛水，最高处50mm厚，最低处不小于30mm厚
结合层	素水泥浆		
	1:2:4 干硬性细石混凝土	30~50	
	素水泥浆		
结构层	钢筋混凝土楼板		

砖墙面水泥踢脚构造 表6-5

构造层名称		使用材料	厚度（mm）	说 明
清水砖墙	面层	1:2 水泥砂浆	6	踢脚高度为80、100、120
	底层	1:3 水泥砂浆	6	
抹灰砖墙	面层	1:2 水泥砂浆	6~8	
	底层	1:3 水泥砂浆	7, 12	

混凝土墙面水泥踢脚构造　　　　　表6-6

构造层名称	使用材料	厚度（mm）	说　明
面层	1:2水泥砂浆	8~10	
底层	1:3水泥砂浆	8~12	
	聚合物水泥砂浆		

加气混凝土墙面水泥踢脚构造　　　表6-7

构造层名称		使用材料	厚度（mm）	说　明
面层		1:2水泥砂浆	6	
底层	1	1:0.5:4水泥混合砂浆	6	底层1适用条板，底层2适用砌块
		1:4的108胶水溶液		
	2	1:1:6水泥混合砂浆	6	
		1:0.5:4水泥混合砂浆	6	
		1:4的108胶水溶液		

二、面层材料

水泥砂浆的体积比应为1:2，且强度等级不应小于M15，用搅拌机搅拌均匀。所用材料要求如下：

1. 水泥：32.5级硅酸盐水泥或普通水泥。
2. 砂：中砂或粗砂，过8mm筛，含泥量不应大于3%。

三、楼（地）面水泥砂浆面层施工

水泥砂浆面层施工应在楼（地）面垫层、楼板嵌缝、墙面和顶棚抹灰、屋面防水做完后进行。

水泥砂浆面层可按下列工艺流程施工：基层处理→设置标高（做灰饼和标筋）→洒水润湿→刷素水泥浆→铺水泥砂浆→木抹子搓平→三遍压光→养护。

1. 基层处理

(1) 将基层面上的灰渣、杂物等清理干净,油污用10%火碱水溶液刷洗后用清水冲干净。

(2) 检查下列项目是否完成:地漏和排水口临时封堵,孔洞用C20细石混凝土灌实,预埋在地面内的各种管线用细石混凝土满包卧牢,门框安装就位。

(3) 检查垫层表面平整度:用2m直尺任意放在垫层上,检查相互间的空隙。对砂、砂石、碎石、碎砖垫层,允许最大空隙为15mm;对灰土、三合土、炉渣、混凝土垫层,允许最大空隙为10mm;如平整度不符合要求,应进行铲高补低处理。

2. 设置标高

在四周墙上依给定的标高线返至地坪标高位置,弹出一圈地面水平标高线。根据地面标高线拉水平线做灰饼,横竖灰饼间距为1.5~2m。如果房间较大,要依地面标高线在房间四周抹出一圈灰梗做标筋。如果有地漏或排水口的带坡度地面,应以地漏或排水口为中心向四周做坡度标筋。

做灰饼和标筋的砂浆材料和配合比,应与铺抹地面砂浆相同。

3. 铺水泥砂浆

铺水泥砂浆前,在基层上涂刷一道素水泥浆,刷素水泥浆应与铺砂浆面层相继进行,随刷浆随铺面层,摊铺均匀,用木杠依灰饼(或标筋)顶平面刮平,用木抹子搓平,并随时用2m靠尺检查平整度。

4. 压光

水泥砂浆面层应分三遍压光,三遍抹压应在水泥砂浆终凝前完成。

(1) 木抹子搓平后,水泥砂浆初凝前,用铁抹子抹压第一遍,压至出浆为止。如果砂浆过稀,抹压后出现沁水,可以均匀撒少许1:1干水泥砂(砂过3mm筛),然后用木抹子用力抹压,干水泥砂吸水后用铁抹子压平。

(2) 水泥砂浆初凝后(面层上人有脚印,但不下陷),用铁抹子抹压第二遍。抹压中，将凹处填平，消除气泡、砂眼，压平抹纹，不得漏压。抹压后，表面应平、光。

（3）水泥砂浆终凝前（面层上人稍有脚印，但抹压不再有抹纹），用铁抹子用力将第二遍抹压留下的抹纹全部压平、压实、压光。

（4）分格的面层，应在搓平后根据设计要求弹出分格线，并在弹线两侧约 200mm 范围内，用铁抹子抹压一遍，将靠尺与分格线平行放好，用分格器紧贴靠尺压出分格缝，以后随大面压光，用分格器沿分格缝抹压两遍。分格缝应平直，深浅一致。

5. 养护

水泥砂浆面层压光完成 24h 后，铺锯末或其他覆盖材料洒水养护，每天浇水两次，一般养护不少于 7d。

四、水泥砂浆踢脚线施工

1. 抹底层水泥砂浆

（1）将基层清理干净，并洒水润湿。依地面标高线用尺量出踢脚线上口标高，并弹出水平控制线；

（2）吊线确定踢脚线抹灰厚度；

（3）按照底层灰厚度拉通线做灰饼，依灰饼抹 1:3 水泥砂浆，刮尺刮平，木抹子搓平，扫毛或划出纹道，洒水养护。

2. 抹面层水泥砂浆

底层砂浆养护硬化后，在踢脚线上口拉线粘贴靠尺，抹 1:2 水泥砂浆，用刮尺紧贴靠尺垂直刮平。用铁抹子压光，阴阳角及踢脚线上口用角抹子压光、溜直。

6.3 楼（地）面现制水磨石面层

一、水磨石地面构造

现制水磨石地面构造见表 6-8、表 6-9、表 6-10 和表 6-11，踢脚线构造见表 6-12～表 6-14。

现制水磨石楼面构造　　　　　　　表6-8

构造层名称	使用材料	厚度（mm）	说　明
面层	1:2.5 水泥石子浆	12～18	在钢筋混凝土叠合式或现制钢筋混凝土楼板上做水磨石，可刷素水泥浆一道，不再做水泥炉渣垫层 水泥、石子颜色、粒径由设计定
结合层	素水泥浆		
	1:3 水泥砂浆	20	
	嵌分格条		
垫层	1:6 水泥炉渣	60, 80, 100	
结构层	钢筋混凝土楼板		

现制水磨石地面构造　　　　　　　表6-9

构造层名称	使用材料		厚度（mm）	说　明
面层	1:2.5 水泥石子浆		12～18	
结合层	素水泥浆			
	1:3 水泥砂浆		20	
	嵌分格条			
垫层	1	C10 混凝土	50	水泥、石子颜色、粒径由设计定
		3:7 灰土	100	
	2	C10 混凝土	50	
		卵石灌 M2.5 混合砂浆	150	
基土	素土夯实			

浴、厕等房间现制水磨石地面构造　　　　　　　表6-10

构造层名称	使用材料		厚度（mm）	说　明
面层	1:2.5 水泥石子浆		12～18	（1）防水层四周卷起150mm高，外粘粗砂（JG-2） （2）所有竖管及地面与墙转角处均附加300mm宽卷材（布）一层，卷起150mm高 （3）找平层细石混凝土从门口处向地漏找泛水，最高处60mm厚，最低处不小于30mm厚
结合层	素水泥浆			
	1:3 水泥砂浆		20	
找平层	1:2:4 细石混凝土		30, 60	
防水层	1. 冷底子油一道，一毡二油防水层			
	2. 水乳型橡胶沥青防水涂料一布（无纺布）四涂			
垫层	1	1:2:4 细石混凝土	40	
		3:7 灰土	100	
	2	1:2:4 细石混凝土	40	
		卵石灌 M2.5 混合砂浆	150	
基土	素土夯实			

浴、厕等房间现制水磨石地面构造　　　　　　　　表6-11

构造层名称	使用材料	厚度（mm）	说　　明
面层	1:2.5水泥石子浆	12~18	找平层细石混凝土从门口处向地漏找泛水，最高处60mm厚，最低处不小于30mm厚
结合层	素水泥浆 1:3水泥砂浆	20	
找平层	1:2.4细石混凝土	30,60	
垫层	（1）3:7灰土 （2）卵石灌M2.5混合砂浆	100 150	
基土	素土夯实		

砖墙面现制水磨石踢脚构造　　　　　　　　表6-12

构造层名称	使用材料	厚度（mm）	说　　明
面层	1:2.5水泥石子浆	8	踢脚高度为100、120
结合层	素水泥浆（掺108胶）		
底层	1:3水泥砂浆	12	

混凝土墙面现制水磨石踢脚构造　　　　　　　　表6-13

构造层名称	使用材料		厚度（mm）	说　　明
面层	1:1.25水泥石子浆		8	底层2的水泥砂浆两遍完成，第一遍8mm厚，第二遍6mm厚
结合层	素水泥浆（掺108胶）			
底层	1	1:3水泥砂浆 素水泥浆（掺108胶）	12	
	2	1:3水泥砂浆 素水泥浆（掺108胶）	14	

加气混凝土墙面现制水磨石踢脚构造　　　　　　　　表6-14

构造层名称	使用材料	厚度（mm）	说　　明
面层	1:2.5水泥石子浆	8	
结合层	素水泥浆		
底层	2:1:8水泥石灰砂浆 108胶水溶液（配合比1:4）	10	

二、面层材料

1. 水泥：深色水磨石面层，宜采用硅酸盐水泥、普通硅酸盐水泥和矿渣硅酸盐水泥；白色或浅色水磨石面层应采用白水泥。水泥强度等级不应小于32.5级。

2. 砂：采用中砂，过8mm孔径筛，含泥量不大于3%。

3. 石子：采用坚硬可磨的白云石、大理石等岩石加工颗粒，石粒应洁净、无杂物。粒径除特殊要求外，宜为6~15mm。

4. 颜料：采用耐光、耐碱的矿物颜料，其掺入量由试验确定。

5. 分格条：分格条有铜条、铝条、玻璃条等。

铜条、铝条：尺寸一般为1~2mm厚，10mm宽（宽度还应根据面层厚度定），长度以分格尺寸定。使用前，应在两端头下部1/3处钻直径为2~5mm孔。穿22号钢丝做锚固用。铝条在使用前应在表面刷一道清漆，防止铝与水泥接触而产生化学反应，使分格条附近的水泥松化。

玻璃条：尺寸一般为3mm厚，10mm宽（宽度应根据面层厚度定），长度以分格尺寸定。

6. 草酸：块状、粉状均可，使用前用热水溶化、稀释，浓度宜为10%~25%。

7. 白蜡。

三、水磨石石渣浆配合比

一般为水泥：石渣 = 1:1.5~2.5。由于使用的石粒规格不同，体积比应有所调整，参考比例见表6-15。

水磨石面层的结合层水泥砂浆配合比宜为1:3，稠度宜为30~35mm，强度等级不应小于M10。

水磨石石渣浆配合比参考表　　　　表6-15

部位	石渣规格	体积比（水泥:石渣）	铺抹厚度（mm）
楼地面	大八厘	1:1.5~2	12~15
地面、墙裙	中八厘	1:1.3~2	8~15
地面	小八厘或米粒石	1:1.25~1.5	8~10
墙裙		1:1~1.4	10
踏步、扶手		1:1.3	10
预制板		1:1.3~1.5	20

四、楼（地）面现制水磨石面层施工

现制水磨石施工应在地面垫层、墙面和顶棚抹灰、屋面防水做完后进行。

水磨石面层可按下列工艺流程施工：基层处理→设置标高（做灰饼或标筋）→铺抹结合层砂浆→养护→弹分格线、嵌分格条→刷素水泥浆→铺面层石渣浆→滚压、抹平→试磨→粗磨→细磨→磨光→草酸清洗→打蜡上光。

1. 基层处理

（1）将基层面上的灰渣、杂物、油污清理干净。油污用10%火碱水溶液刷洗后用清水冲干净。基层若有松散处，应作加强处理。

（2）检查下列项目是否完成：预埋在地面内的各种管线已安装固定，地漏、排水口已临时封堵，门框安装就位。

2. 设置标高

在四周墙上依给定的标高线返至地坪标高位置，弹一圈地面水平标高线。根据地面标高线下移约12~18mm（面层厚度）拉水平线做结合层灰饼，灰饼80~100mm见方，间距1.5m左右，待灰饼硬结后，抹宽80~100mm的纵横向标筋，间距1.5m左右。如果有地漏、排水口的坡度地面，应以地漏和排水口为中心，向四周做坡度标筋。

做灰饼和标筋的砂浆材料和配合比，应与结合层砂浆相同。

3. 抹结合层

洒水润湿基层，刷一道素水泥浆，要随刷素水泥浆随抹1:3水泥砂浆结合层，用2m刮尺依标筋刮平，用木抹子拍实、搓平。

结合层全部抹完后，养护24h。

4. 弹分格线、嵌分格条

结合层水泥砂浆抗压强度达到1.2MPa后，根据设计要求，在结合层上弹分格线、嵌分格条。

（1）分格线一般间距为1m。弹线时，应计算好房间四周的

镶边宽度，一般先弹房间中部十字线，再依十字线弹其他纵向、横向分格线。如果有图案要求，则按设计要求弹线；

（2）镶嵌分格条时，将靠尺板平垫在分格线一侧离线中心1/2分格条厚度，然后取裁割好的分格条紧贴靠尺小面放置在分格线上，分格条要垂直，随后在分格条侧边用素水泥浆抹成30°~45°的小八字；一侧小八字抹完收水后，拆去靠尺抹上另一侧小八字灰；

（3）铜、铝分格条所穿铁丝应同时埋牢于小八字灰下口素水泥浆中，小八字灰的上口应低于分格条顶部4~6mm。分格条两边的小八字灰全部抹完收水后，要用刷子蘸水刷一遍；

（4）一个方向（纵向或横向）的分格条镶嵌完后，再镶嵌另一个方向（横向或纵向）的分格条；

（5）分格条的十字交叉处，应在交点的40~50mm内不抹小八字灰。分格条应平直、牢固、接头严密；

（6）曲线图案分格条要在直线分格条镶嵌完成后进行。镶嵌时，先按设计要求的图案把铜条或铝条弯好，然后在结合层弹好的图案线上用素水泥浆打点后，把弯好的铜、铝条放上去，并调正位置，用靠尺依镶嵌好的直线分格条调好高低和平整，再分别抹两侧小八字灰。曲线图案分格条镶嵌后，所有上口边要在一个平面上，不能扭翘；

（7）分格条全部镶嵌完12h后，浇水养护时间不少于2d。

5. 铺面层水泥石渣浆

（1）铺面层水泥石渣浆前，应将分格条内的浮砂、杂物清扫干净，并视结合层颜色酌情洒水润湿，但表面不得有积水。

（2）铺面层水泥石渣浆时，先刷一道与面层颜色相同的素水泥浆，随即铺设水泥石渣浆，铺设厚度高于分格条顶2mm；

（3）先把分格条边四周抹出一抹子宽水泥石渣浆，并用抹子从中间向外边分格条方向揉抹、拍挤，把分格条边上挤满石渣，不可以使分格条附近只有水泥浆而缺少石渣，造成黑边现象；

（4）填平中间的水泥石渣浆，铺抹完成后，用抹子搓平。

(5) 面层水泥石渣浆铺设后，在表面均匀撒一层石渣，用抹子拍实压平，并用滚筒反复滚压密实，待表面出浆后，再用抹子抹平，24h 后浇水养护。养护时间参考表 6–16。

水磨石石渣浆养护时间　　　　　　　　表 6–16

平均气温（℃）	养护时间（d）	
	机　　磨	人工磨
20~30	3~4	1~2
10~20	4~5	1.5~2.5
5~10	6~7	2~3

注：天数以水磨石压实抹光后算起。

在同一面层上采用几种图案时，应先做深色，后做浅色，先做大面，后做镶边；待前一种色浆凝固后，再抹后一种色浆。

6. 磨光、上蜡

开磨时间要以石渣不松动为准，开磨前应先试磨。

水磨石面层宜采用磨石机分遍磨光。

第一遍用 60~90 号粗金刚石磨，边磨边加水，磨至分格条清晰，石渣均匀外露、表面平整，用水冲洗干净面层，晾干后，补全脱落石渣，用同色水泥浆满擦一遍，填平砂眼。24h 后，浇水养护 2~3d。

第二遍用 90~120 号金刚石磨，边磨边加水，磨至表面光滑，用水冲洗干净面层，晾干后，用同色水泥浆满擦一遍，将砂眼进一步填平。24h 后，浇水养护 2~3d。

第三遍用 200~220 号金刚石磨，边磨边加水，磨至表面石渣粒粒显露，平整光滑，无砂眼细孔，用水冲洗干净面层，晾干后，涂草酸溶液一遍。

第四遍用 240~300 号油石磨，磨至出白浆、表面光滑，用水冲洗干净，晾干。

地面干燥、发白时，即可进行打蜡。打蜡时，将蜡包在薄布内，在面层上均匀涂一层，待干后，用钉有细帆布或麻布的木块代替油石,装在磨石机磨盘上进行研磨,直到光滑洁亮。

五、现制水磨石踢脚施工

1. 抹底层灰

将基层清理干净,并洒水润湿。弹出踢脚线上口水平标高线,在阴阳角处套方、量尺、拉线,确定踢脚线厚度。然后按底层灰厚度冲筋、装档、刮平、搓麻面。24h后,浇水养护2~3d。

2. 抹面层水泥石渣浆

洒水润湿底层灰,在阴阳角及上口,用靠尺按水平线找规矩,贴靠尺,涂刷素水泥浆一道,抹水泥石渣浆,抹平,压实。24h后,浇水养护,养护时间同地面。

3. 磨光、上蜡

一般采用人工磨石,开磨时间和磨石要求与地面同。最后人工打蜡两遍。

6.4 细石混凝土面层

一、细石混凝土地面构造

细石混凝土楼地面、浴厕间地面的构造见表6-17、表6-18和表6-19。

浴厕等房间细石混凝土楼面构造　　　　表6-17

构造层名称	使用材料	厚度(mm)	说 明
面 层	1:2:3细石混凝土	30~50	1. 面层从门口向地漏找泛水,最高处50mm厚,最低处不小于30mm厚 2. 防水层四周卷起150mm高,外粘粗砂 3. 所有竖管及地面与墙转角处,均附加300mm宽玻璃布油毡一层,四周卷起150mm高
	1:1水泥砂子		
防水层	(1) 水乳型橡胶沥青防水涂料一布二涂		
	(2) 冷底子油一道,一毡二油		
找平层	1:3水泥砂浆	20	
结合层	素水泥浆		
结构层	钢筋混凝土楼板		

细石混凝土地面构造　　　　　　表6-18

构造层名称	使用材料	厚度（mm）	说　明
面层	1:2:3 细石混凝土	40	适用于住宅等面积较小的房间
	1:1 水泥砂子		
垫层	(1) 3:7 灰土	100	
	(2) 卵石灌 M2.5 混合砂浆	150	
基土	素土夯实		

细石混凝土楼面构造　　　　　　表6-19

构造层名称	使用材料	厚度（mm）	说　明
面层	1:2:3 细石混凝土	35 或 50	
	1:1 水泥砂子		
结合层	素水泥浆		
结构层	钢筋混凝土楼板		

二、面层材料

1. 水泥：采用32.5级普通硅酸盐水泥或矿渣硅酸盐水泥。
2. 砂：采用粗砂或中砂，含泥量不应大于3%。
3. 石子：采用坚硬、耐磨、级配良好的卵石或碎石，粒径不应大于15mm。

三、细石混凝土面层施工

细石混凝土面层施工应在结构工程验收后进行。

细石混凝土面层可按下列工艺流程施工：基层处理→设置标高（做灰饼或冲筋）→洒水润湿→刷素水泥浆→浇铺混凝土→抹面层、压光→养护。

1. 基层处理

（1）将基层面上的灰渣、杂物清理干净，并在施工前1~2d

浇水润湿。

(2) 检查下列项目是否完成：预制楼板已嵌缝严密，防水层经蓄水试验不渗不漏，地漏、排水口临时封堵密实，预埋在地面的各类管线已固定，门框安装就位。

2. 设置标高

根据地面设计标高，在四周墙上弹一周封闭的水平标高线，依标高线纵横拉水平线，用与面层相同配合比的细石混凝土做灰饼，纵横间距1.5m。面积较大的房间，还应以做好的灰饼为准抹出标筋。有地漏或排水口的坡度地面，应以地漏或排水口为中心，向四周做坡度标筋。

3. 抹面层

(1) 先在已润湿的基层面上刷一道素水泥浆，随即摊铺细石混凝土，用2m木杠依标筋刮平，用抹子拍实、搓平，或用铁滚筒反复滚压至出浆。

(2) 待抹完一个房间后，在细石混凝土表面均匀地撒一层1:1水泥砂干粉。待干粉吸水后，用2m木杠把表面刮平；用木杠刮平时，要抖动手腕把灰浆全部振出。然后用木抹子搓平，用钢抹子抹压第一遍。

(3) 面层初凝后（上人有脚印，但不下陷），用铁抹子抹压第二遍，要压平、压实，把表面的凹坑、砂眼全部填实抹平，抹纹要直要浅。

(4) 面层终凝前（抹子上去没有明显的抹纹），用铁抹子进行第三遍压光，要用力抹压，把所有抹纹压平压光，使表面密实光洁。

三遍抹压应在水泥终凝前完成。

4. 养护

面层抹压完24h后，浇水养护。养护最好在面层上铺锯末或草袋等覆盖物，养护期内不可缺水，要保持潮湿。养护时间不少于7d。

6.5 菱苦土面层

菱苦土是以天然菱镁矿石经 800~850℃ 煅烧后,磨成细粉而得的一种强度较高的气硬性胶凝材料。

菱苦土面层是用菱苦土、锯木屑和氯化镁溶液等拌合料铺设而成。一般有单层和双层两种构造,见表 6-20 和表 6-21。

菱苦土楼面(单层)构造 表 6-20

构造层名称	使用材料	厚度(mm)
面 层	菱苦土	8~10
结合层	氯化镁溶液	
结构层	钢筋混凝土楼板	

菱苦土地面(双层)构造 表 6-21

构造层名称	使用材料	厚度(mm)
面 层	菱苦土	8~10
结合层	氯化镁溶液	
垫 层	菱苦土	12~15
	氯化镁溶液	
	C10 混凝土	50
	3:7 灰土	100
基 土	素土夯实	

一、面层材料

1. 菱苦土:白色粉状物,氯化镁的含量不应少于 75%,其粒径大于 0.08mm 的不应超过 25%,大于 0.3mm 的不应超过 5%。
2. 氯化镁溶液:采用工业氯化镁,溶液中氯化镁含量不应少于45%，沉淀物清除。

3. 锯末：应用针叶类木材的产品，含水率不应大于20%，其粒径：用于双层面层的下层，不应大于5mm；用于双层面层的上层和单层面层，不应大于2mm。不得使用腐朽木屑。

4. 颜料：选用干燥、磨细、成分均匀，并具有耐光、耐碱性能的矿物质颜料，其掺入量为菱苦土和填充料总体积的3%～5%。

二、配合比

菱苦土拌合料的配合比应通过试验确定，也可参照表6-22选用。

菱苦土拌合料成分　　　　　　　表6-22

面层特征	配合比（体积比）					氯化镁溶液比重	适用范围
	菱苦土	锯末	砂或石屑	滑石粉	颜料		
1. 单层或双层上层							
(1) 富有弹性	1	2	0	0.18	0.09	1.18～1.22	一般民用地面
(2) 比较硬	1	1.5	0	0.15	0.08	1.20～1.24	过道
(3) 比较坚硬	1	1.4	0.6	0.18	0.09	1.18～1.22	门厅、过道
(4) 比较耐磨	1	1.0	0.5	0.19	0.09	1.20～1.24	车间
(5) 坚硬耐磨	1	0.7	0.3	0.12	0.06	1.22～1.24	车间
2. 双层的下层							
(1)	1	4	0	0	0	1.14～1.16	垫层
(2)	1	3	0.3	0	0	1.17～1.19	垫层

注：1. 砂或石屑粒径不大于5mm。
　　2. 菱苦面层的上层拌合料，稠度为5.5～6.5cm；下层拌合料，稠度为7～8cm，均以500g圆锥体沉入度计。

三、菱苦土拌合料拌制

菱苦土拌合料宜在特制的或内部镀锌的砂浆搅拌机内拌制。如用人工拌制，可使用木槽，不得在混凝土地面上拌合。菱苦土拌合料所用材料应预先过筛，并在干燥状态下搅拌，然后加入氯化镁溶液继续搅拌至完全均匀为止。

四、铺抹菱苦土拌合料

1. 基层处理

(1) 凡与菱苦土面层接触的金属构件和连接件均应涂以沥青漆，或抹一层厚度不大于 30mm 的普通硅酸盐水泥砂浆隔绝层，以防氯化镁的侵蚀作用。

(2) 菱苦土面层的下一层及与其接触的部分，如含有多孔易受潮的材料及能与氯化镁起化学作用的材料（如石灰、石膏、矿渣硅酸盐水泥、炉渣、硫化物等），应采取防潮和隔绝措施。

(3) 基层必须清洁、干燥，抗压强度不应小于设计强度的 50%，且不得小于 5MPa。混凝土或水泥基层表面应全部划毛。

2．铺抹菱苦土垫层

铺抹时，要先在混凝土基层上涂刷一道 1:3 菱苦土和氯化镁溶液的拌合浆粘结层，随即铺抹垫层菱苦土拌合料，厚度为 12~15mm，要铺抹平整，并用木拍子拍实，或用滚筒压实。如表面出现液体，应撒干菱苦土拌合料，吸水后继续拍实或压实。

3．铺抹菱苦土面层

(1) 双层面层的上层，应在下层硬化后铺设。铺设前应使下层表面清洁、干燥，并采用作灰饼或冲筋的方法确定面层标高；

(2) 铺设时，先在下层表面涂刷一道 1:3 菱苦土和氯化镁溶液拌合浆，随即铺面层菱苦土拌合料，铺抹平整后，用木拍子拍实，或用滚筒压实，然后用木杠依灰饼或标筋刮平，木抹子搓平，塑料压子溜光；

(3) 在菱苦土终凝前分次压光，最后一遍要压出光面；

(4) 在施工间歇后继续铺设前，应将已硬化的垂直边缘予以清扫洁净，并涂刷菱苦土和氯化镁溶液拌合浆。

(5) 菱苦土面层不宜在雨天施工，铺设时及铺设后的硬化期间，室内应稍予通风，但不得直接吹进穿堂风；室内气温应为 10~30℃范围内，硬化时不得遭受潮湿和局部过热现象。

4．磨光、上蜡

菱苦土面层的磨光，应在菱苦土达到设计强度（以试块试验确定）后进行。菱苦土强度增长情况参见表 6-23。

菱苦土试块强度参考表 表6-23

部位及试块龄期	抗压强度（试块 70mm×70mm×70mm）						抗拉极限强度		
	上 层			下 层					
	7d	7d	28d	2d	7d	28d	1d	7d	28d
温度（℃）	10~15	15~25	15以上	10~15	15~25	15以上	25	25	25
强度(MPa)	60	80	90	15	20	40	15	20	30

注：菱苦土抗拉极限强度的试验可采用与水泥砂浆相同的试验方法。

磨光前，应以菱苦土、颜料和密度为 1.06~1.13 的氯化镁溶液等拌合浆稍加润湿。

菱苦土面层涂油应在菱苦土完全晾干后进行。待涂油层全部干燥后上蜡。上蜡时，用布包蜡均匀涂抹一至二遍，稍干后，用干净软布用力摩擦，直到光亮为止。

6.6 饰面板面层

地面饰面板面层包括大理石板、花岗石板、预制水磨石板等。

一、饰面板楼（地）面构造

饰面板楼（地）面构造见表6-24、表6-25、表6-26、表6-27、表6-28和表6-29。

饰面板楼面构造 表6-24

构造层名称	使用材料	厚度（mm）	说 明
面 层	大理石、花岗石或预制水磨石板		垫层厚度：大理石、花岗石板40、60、80mm；预制水磨石板55、65、75mm
结合层	1:4 干硬性水泥砂浆	30	
	素水泥浆		
垫 层	1:6 水泥焦渣	40~80	
结合层	素水泥浆		
构造层	钢筋混凝土楼板		

注：1. 花岗石板有磨光和粗磨两类。
　　2. 暗管敷设时应以细石混凝土满包卧牢。

饰面板地面构造

表 6-25

构造层名称		使用材料	厚度（mm）	说　明
面　层		大理石、花岗石或预制水磨石板		
结合层		1:4 干硬性水泥砂浆	30	
		素水泥浆	—	
垫　层	1	C10 混凝土	50	
		3:7 灰土	100	
	2	C10 混凝土	50	
		卵石灌 M2.5 混合砂浆	150	
基　土		素土夯实		

浴、厕等房间饰面板楼面构造

表 6-26

构造层名称		使用材料	厚度（mm）	说　明
面　层		大理石、花岗石或预制水磨石板		
结合层		1:4 干硬性水泥砂浆	30	1. 垫层厚度：大理石、花岗石板面层55mm，预制水磨石板面层50mm 2. 垫层 0.5% 泛水找坡
防水层	1	冷底子油一道，"一毡二油"。		
	2	水乳型橡胶沥青防水涂料"一布（无纺布）四涂"		
找平层		1:3 水泥砂浆	20	
结合层		素水泥浆		
垫　层		1:6 水泥炉渣	50, 55	
结构层		钢筋混凝土楼板		

砖墙面饰面板踢脚构造

表 6-27

构造层名称	使用材料	厚度（mm）	说　明
面　层	大理石、花岗石或预制水磨石板		
结合层	1:2 水泥砂浆	12, 20	

注：结合层厚度：采用粘贴法为 12mm，采用灌缝法为 20mm。

混凝土墙面饰面板踢脚构造　　　　　表6-28

构造层名称		使用材料	厚度（mm）	说　明
面　层		大理石、花岗石或预制水磨石板		
结合层	1	1:2 水泥砂浆	12，20	
		素水泥浆		
	2	板背面刷 YJ-Ⅲ建筑粘结剂	2~3	

注：1. 大理石板、花岗石板采用灌缝法，1:2水泥砂浆厚度为20mm。
　　2. 预制水磨石板采用粘结法，水泥砂浆厚度为12mm。

加气混凝土墙面饰面板踢脚构造　　　　表6-29

构造层名称	使用材料	厚度（mm）	说　明
面　层	大理石、花岗石或预制水磨石板		
结合层	1:2 水泥砂浆	12，20	
	108胶水溶液（配合比1:4）		

注：同表6-28。

二、面层材料

1. 大理石、花岗石板：宜选用组织细密、坚实，耐风化，表面光洁明亮，色泽鲜明，边角方正，无刀痕旋纹，无缺角、掉边的板材。

2. 预制水磨石板：表面平整光滑，石子均匀，颜色一致，无旋纹、气孔，边角方正，几何尺寸准确。

3. 水泥：32.5级硅酸盐水泥或普通硅酸盐水泥或矿渣硅酸盐水泥。

4. 砂：中砂或粗砂，含泥量不应大于3%。

5. 颜料：耐光、耐碱的矿物颜料。

6. 草酸、蜡。

三、楼（地）面饰面板面层施工

饰面板面层施工应在墙面和顶棚抹灰、地面垫层、预埋管线等全部完工后进行。

饰面板面层可按下列工艺流程施工：基层处理→选板、试拼→弹线→刷素水泥浆→铺水泥砂浆→铺饰面板→擦缝→打蜡。

1. 基层处理

基层面清理干净，并检查基层标高，如果标高不足应用水泥砂浆或细石混凝土找平，如果超标则应铲平。基层为防水层，清理时要防止损坏防水层。

2. 选板、试拼

饰面板应按照颜色和花纹试拼编号，有裂缝、掉角、翘曲和表面有缺陷的板应予剔除，品种不同的板不得混杂使用。饰面板铺设前应用水浸湿，表面无明水方可铺设。

3. 弹线

从室内四墙的水平线拉出铺设饰面板所用的纵横控制线（分格线）弹在基层面上，并将相连房间的分格线连接起来。

4. 铺设饰面板

（1）先铺若干条干砂带，宽度大于板宽，厚度不小于30mm，结合施工大样图，试排饰面板，确定板与墙、柱、洞口等部位的相对位置和饰面板之间的缝隙；

（2）地漏、排水口、立管处应按其形状裁割板材，使之吻合。墙角、边角处用非整块板材时，应根据具体尺寸裁割板材。若非整块板材需在房门对称铺设时，应在弹分格线时安排。

（3）试排无误，洒水润湿基层表面，刷素水泥浆，随刷随摊铺1:4干硬性水泥砂浆，厚度为放上饰面板后高出面层标高3~4mm。摊铺后，用木杠刮平，木抹子拍实、搓平。

（4）铺设饰面板应从里往外按控制线、标高及试拼时的编号依次铺设，逐步退至门口与楼道面层相接，也可从门口往里铺设。

（5）铺设饰面板应先试铺后实铺，即先将板材铺在已搓平的干硬性水泥砂浆层面上，用橡胶锤敲木垫板，振实至标高后，将板材掀至一旁，检查砂浆与板材结合情况，如果有空虚处，用砂浆填补、拍实。

(6) 在板材背面刷水灰比为 0.4~0.5 素水泥浆,随刷随铺,留准缝隙宽度,用橡胶锤轻敲振实,并随时用水平尺找平。板材间的缝隙宽度如设计无要求时,大理石板、花岗石板不应大于 1mm,预制水磨石板不应大于 2mm。板材间和板材与水泥砂浆间及在墙角、镶边和靠墙处,均应紧密砌合,不得有空隙。

(7) 饰面板铺设后 1~2 昼夜用素水泥浆灌缝 2/3 高度,再用与板面颜色相近的水泥浆擦缝。面层上溢出的水泥浆应在凝结前予以清除,待缝隙内的水泥凝结后,将面层清洗干净。

(8) 大理石、花岗石板面层铺设后,其表面应加以保护,待水泥砂浆强度达到 60%~70% 后,方可打蜡,达到光滑洁亮。

四、踢脚板施工

踢脚板施工有粘贴法和灌浆法两种。

1. 粘贴法

在墙面安装踢脚板位置处,弹出踢脚板上口标高线,依线用 1:2~2.5 水泥砂浆抹底并刮平划纹。水泥砂浆干硬后,将已浸湿阴干的踢脚板背面抹上 2~3mm 厚素水泥浆,随即贴在墙面踢脚板位置处,用木锤敲实,并用水平尺、靠尺找平、找直。次日用与板面颜色相近的水泥浆擦缝。

2. 灌缝法

在墙面安装踢脚板位置处弹出踢脚板上口标高线,依线将踢脚板临时固定,再用石膏将相邻两块踢脚板以及踢脚板与地面、墙面之间稳牢,然后用稠度 10~15cm 的 1:2 水泥砂浆灌缝。用钎插捣实。待灌入的水泥砂浆终凝后,把石膏铲掉擦净,用与板面颜色相近的水泥浆擦缝。

6.7 砖 面 层

陶瓷地砖、陶瓷锦砖、缸砖、水泥砖等材料铺设的面层统称砖面层。

一、陶瓷地砖面层

1. 陶瓷地砖地面构造

陶瓷地砖楼（地）面、踢脚板构造见表6-30、表6-31、表6-32、表6-33、表6-34、表6-35和表6-36。

陶瓷地砖地面构造　　　　　表6-30

构造层名称	使用材料		厚度（mm）	说　明
面　层	陶瓷地砖			
结合层	素水泥浆			
	1:4干硬性水泥砂浆		25	地砖面一般用干水泥擦缝；如果做宽缝时，用1:1水泥砂浆勾缝。
	素水泥浆			
垫　层	1	C10混凝土	50	
		3:7灰土	100	
	2	C10混凝土	50	
		卵石灌M2.5混合砂浆	150	
基　土	素土夯实			

陶瓷地砖楼面构造　　　　　表6-31

构造层名称	使用材料		厚度（mm）	说　明
面　层	陶瓷地砖			
结合层	素水泥浆			
	1:4干硬性水泥砂浆		20	
垫　层	（1）	1:6水泥炉渣	60～62	
	（2）	1:6水泥炉渣	80～82	
结构层	钢筋混凝土楼板			

注：地砖面层有勾缝和不勾缝两种，如不勾缝用干水泥擦缝，如勾缝用1:1水泥砂浆勾缝，彩色地砖用1:1掺色水泥浆勾缝。

浴、厕等房间陶瓷地砖地面构造　　　　　表6-32

构造层名称	使用材料		厚度（mm）	说　明
面　层	陶瓷地砖			
结合层	素水泥浆			
	1:4干硬性水泥砂浆		20	
	素水泥浆			
找平层	1:2:4细石混凝土		30~60	
防水层	1	冷底子油一道，"一毡二油"		
	2	聚氨酯防水涂膜		
	3	水乳型橡胶沥青防水涂料，"一布（无纺布）四涂"		
找平层	1:2:4细石混凝土		40	
垫　层	1	3:7灰土	100	
	2	卵石灌M2.5混合砂浆	150	
基　土	素土夯实			

注：1. "一毡二油"、"一布四涂"防水层四周卷起150mm高，外粘粗砂。

2. 结合层下找平层从门口处向地漏找泛水，最高处60mm厚，最低处不少于30mm厚。

3. 所有竖管及地面与墙转角处均附加300mm宽玻璃油毡一层或"一布一涂"，卷起150mm高。

4. 聚氨酯防水涂膜分别按0.6mm、0.4mm厚刷两遍。

浴、厕等房间陶瓷地砖楼面构造　　　　　表6-33

构造层名称	使用材料		厚度（mm）	说　明
面　层	陶瓷地砖			
结合层	素水泥浆			
	1:4干硬性水泥砂浆		20	
	素水泥浆			
找平层	1:2:4细石混凝土		30~50	
防水层	1	冷底子油一道，"一毡二油"		注同表6-32
	2	聚氨酯防水涂膜		
	3	水乳型橡胶沥青防水涂料，"一布（无纺布）四涂"		
找平层	1:3水泥砂浆		20	
	素水泥浆			
结构层	钢筋混凝土楼板			

砖墙面地砖踢脚板构造　　　　　　　　　　表 6–34

构造层名称	使用材料	厚度（mm）	说　明
面　层	陶瓷地砖踢脚板		
结合层	1:2 水泥砂浆	12~14	

混凝土墙面地砖踢脚板构造　　　　　　　　表 6–35

构造层名称	使用材料	厚度（mm）	说　明
面　层	陶瓷地砖踢脚板		
结合层	1:2 水泥砂浆	12~14	
	素水泥浆（掺3%~5%108胶）		

加气混凝土墙面地砖踢脚板构造　　　　　　表 6–36

构造层名称	使用材料	厚度（mm）	说　明
面　层	陶瓷地砖踢脚板		
结合层	1:2 水泥砂浆	12~14	
	108胶水溶液（配合比1:4）		

2．面层材料

（1）水泥：32.5级普通硅酸盐水泥或硅酸盐水泥或矿渣硅酸盐水泥。

（2）砂：中砂或粗砂，含泥量不应大于3%。

（3）陶瓷地砖：表面光洁，质地坚固，尺寸、色泽一致。无暗痕和裂纹。

3．铺贴陶瓷地砖

陶瓷地砖铺贴应在地面垫层及其中预埋管线、墙面和顶棚抹灰、屋面防水、穿越楼面竖管、门框安装等全部做完后进行。

陶瓷地砖铺贴可按下列工艺流程进行：基层清理→弹基准线→刷素水泥浆→铺贴面砖→擦缝。

（1）基层处理：

将基层表面清扫干净,并洒水润湿。

(2) 选砖:

陶瓷地砖应按照颜色和花纹分类,标号和品种不同的砖不能混用,有裂缝、掉角、翘曲和小于半块的碎砖应予剔除,并将砖浸水湿润后晾干待用。

(3) 弹线:

根据房间地面尺寸和砖的规格在地面上弹出纵横控制方格线(基准线),方格线尺寸以四块砖(包括灰缝宽度)边长为准,当设计无规定时,紧密铺贴缝宽不宜大于1mm,虚缝铺贴缝宽宜为5~10mm。当房间净宽范围内铺贴地砖为偶数时,纵向基准线应位于房间正中央;当为奇数时,纵向基准线应位于房间正中偏离半砖宽处;横向基准线宜位于离外墙里面一块砖处。

(4) 铺贴陶瓷地砖:

1) 铺贴地砖应先依照基准线铺纵长一行砖,依此为准从房间里向门口逐渐扩展铺贴。

2) 用水泥浆铺贴时,刷素水泥浆一道,随刷随摊铺1:4干硬性水泥砂浆厚20~25mm,按标高用木杠将砂浆刮平,木抹拍实;随后在陶瓷地砖背面满刮素水泥浆或108胶水泥浆,砖边的水泥浆应满刮并高于中心,然后按基准线铺贴,在找平、找直、找正后,用橡胶锤拍实至面层标高。

3) 用水泥砂浆铺贴时,将1:2水泥砂浆摊铺在刮平、拍实的干硬性水泥砂浆层面上,摊铺范围略大于地砖面积,砂浆摊平;将陶瓷地砖对准位置铺贴在砂浆层上,压平压实。

4) 每铺一行砖后,用线绳在拼缝两头拉直线,检查每行地砖缝隙的平直度,如有不正应及时调整。并用水平尺检查平整度,高于或低于质量验收标准时,应起出地砖,填低铲高,重新铺贴。

5) 对于浴、厕等房间的地面,应注意铺贴时做出1:500的泛水坡度。

6) 一个房间如需用非整砖铺贴时,非整砖应用整砖切割,不得用碎砖拼凑；非整砖应铺贴在隐蔽边角处，并靠近墙边。竖管、地漏、排水口处，应按其尺寸、形状裁砖铺贴。

7）地砖铺贴1d内进行勾缝和压缝。勾缝用水泥砂浆，不要勾满，约留出1/3地砖厚的凹槽；压缝用与地砖颜色相近的水泥浆嵌于凹槽内，缝隙压满、填实后，将面层余浆擦净。

8）铺完陶瓷地砖养护不少于7d。

4．粘贴陶瓷地砖踢脚板

踢脚板一般采用与地面同品种、同规格、同颜色的陶瓷地砖。粘贴前，踢脚板应浸水湿润，晾干至表面无明水。墙面应洒水润湿。

粘贴踢脚板时，其立缝应与地面缝对齐，在房间墙面两端头阴角处各粘贴一块砖，作为标准，以此砖上楞边挂线，然后在砖背面满抹1:2水泥砂浆，粘贴到墙上，拍实。砖上楞跟线，上下找正。粘好后，将砖面余浆刮掉，并擦干净。

二、陶瓷锦砖面层

1．陶瓷锦砖地面构造

陶瓷锦砖（马赛克）楼地面构造见表6-37和表6-38。浴厕等房间陶瓷锦砖楼地面构造同陶瓷地砖楼地面构造，见表6-32、表6-33。

陶瓷锦砖地面构造 表6-37

构造层名称	使用材料		厚度（mm）	说 明
面 层	陶瓷锦砖			
结合层	1:4干硬性水泥砂浆		20	
	素水泥浆			
垫层	1	C10混凝土	50	
		3:7灰土	100	
	2	C10混凝土	50	
		卵石灌M2.5混合砂浆	150	
基 土	素土夯实			

陶瓷锦砖楼面构造　　　　　　　　　表6-38

构造层名称	使用材料	厚度（mm）	说　明
面　层	陶瓷锦砖		
结合层	1:4干硬性水泥砂浆	20	
垫　层	(1) 1:6水泥炉渣	65	
	(2) 1:6水泥炉渣	85	
结构层	钢筋混凝土楼板		

2．面层材料

(1) 水泥：32.5级普通硅酸盐水泥或矿渣硅酸盐水泥。

(2) 砂：中砂或粗砂，含泥量不应大于3%。

(3) 陶瓷锦砖：质地坚硬，边棱整齐，尺寸正确，接缝均匀，色泽一致，脱纸时间不大于40min。

3．铺贴陶瓷锦砖

陶瓷锦砖铺贴应在地面垫层及其中预埋管线、墙面和顶棚抹灰、屋面防水、穿越地面立管安装、防水层铺设、门框安装等做完后进行。

陶瓷锦砖铺贴可按下列工艺流程进行：基层清理→设标高、弹线→刷素水泥浆→铺水泥砂浆结合层→铺贴陶瓷锦砖→刷水、揭纸→拨缝→擦缝→养护。

(1) 基层处理：

将基层清扫干净，临时堵严地漏、排水口等，防水基层清理时要防止损坏层面。

(2) 选砖：

根据设计要求的铺贴图案，在各联锦砖背纸上编号，并依编号顺序堆放。色差明显、接缝不匀、有缺棱掉角的应予剔除。

(3) 弹线、设标高：

根据设计弹出陶瓷锦砖结合层、面层标高线，并做结合层灰饼和标筋。灰饼上平为锦砖下皮，按灰饼每隔1m做一道标筋。有地漏、排水口的坡度地面，按设计要求做成坡度标筋。

(4) 铺水泥砂浆结合层：

在基层上刷素水泥浆，随刷随摊铺 1:4 干硬性水泥砂浆 20mm 厚，用木杠依标筋刮平，木抹子拍实、抹平。

(5) 铺贴陶瓷锦砖：

结合层砂浆抗压强度达到 1.2MPa 后，弹铺贴锦砖控制线。在房间中心弹十字控制线，根据设计要求图案和锦砖每联尺寸，计算张数，弹出各锦砖联的分格线。

洒水润湿结合层，抹 2~2.5mm 厚 108 胶水泥浆，随抹随将成联锦砖对准分格线贴在水泥浆上，用与锦砖联同样大的木拍板覆盖在锦砖背纸上，用橡胶锤敲打。直至纸面露出砖缝水印为止。

铺贴锦砖应按房间一次连续操作，且应从里向外沿控制线退着进行。每贴一块锦砖联，应用 2m 靠尺检查平整度。整间铺贴完，应检查、修整四周边角及门口与其他地面的接槎。

(6) 揭纸、拨缝、擦缝、养护：

水泥浆粘住各小块锦砖时，在锦砖联背纸上均匀刷水湿透，揭去背纸。

检查锦砖拼缝。若拼缝不直或宽窄不一，应用拨刀和靠尺，按先纵缝后横缝的顺序，将其拨正，再用木拍板和橡胶锤拍实。若有锦砖颗粒粘贴不牢，应用水泥浆重新粘贴、拍实。

拨缝后的第二天，用白水泥浆或与锦砖颜色相近的素水泥浆进行擦缝。擦缝时，用棉纱团蘸水泥浆从里向外，顺缝揉擦，使水泥浆进入锦砖拼缝内，至擦满、擦实为止。沾在锦砖面上的水泥浆要随时擦掉。

锦砖擦缝 24h 后，铺锯末或其他覆盖材料进行洒水养护，常温下养护不少于 7d。

三、缸砖面层

1. 缸砖地面构造

缸砖地面构造与陶瓷地砖地面构造相同，见表 6-30、表 6-31、表 6-32 和表 6-33。

2. 面层材料

(1) 水泥：32.5级普通硅酸盐水泥或矿渣硅酸盐水泥。

(2) 砂：中砂或粗砂，含泥量不应大于3%。

(3) 缸砖：抗压、抗折强度符合要求，表面平整，边角整齐，色泽均匀，无翘角、裂纹。

3. 铺贴缸砖

铺贴缸砖应在地面垫层及其中预埋管线、墙面和顶棚抹灰、屋面防水、浴厕等地面泛水、穿越楼面竖管和门框安装等全部完成后进行。

铺贴缸砖可按下列工艺流程进行：基层处理→设标高→铺抹结合层砂浆→弹控制线→铺缸砖→勾缝、擦缝→养护。

(1) 基层处理：

将基层面清扫干净，并洒水润湿。

(2) 设标高：

弹出结合层的标高线，做灰饼和标筋，灰饼间距1.5m。有地漏、排水口的地面，由四周向地漏方向做放射状坡度标筋。

(3) 抹结合层砂浆：

在基层上刷素水泥浆，随刷随铺抹1:4干硬性水泥砂浆20~25mm厚，用木杠依标筋刮平，木抹子拍实、搓平。24h后浇水养护。

(4) 弹线：

根据设计要求和缸砖规格，确定缸砖铺贴的缝隙宽度。设计无要求时，紧密铺贴的缝宽不大于1mm，虚缝铺贴的缝宽5~10mm。弹控制线时，应以房间中线为基准，从纵横两个方向排尺寸。横向平行于门口的第一排应为整砖，非整砖排在靠墙位置；纵向垂直于门口，非整砖排在两墙边。

根据确定的砖数、缝宽、非整砖排放方式，在结合层上弹纵横控制线，一般按每四块砖弹一条控制线。

(5) 铺贴缸砖：

铺砖前，缸砖应浸水湿润，晾干后备用。

铺贴缸砖一般从门口开始，先纵向铺2—3行砖，找好位置和标高，并以此拉水平标高线，从里向外退着铺贴。铺砖时，在缸砖背面抹素水泥浆跟线铺贴在结合层上，找正、找直、找方后，用木锤或橡胶锤敲实，并用水平尺随时检查铺贴的水平度，高于或低于质量验收标准，应起出缸砖，重新填低铲高铺贴。

(6) 勾缝、擦缝、养护：

缸砖铺贴完24h内勾缝、擦缝。

勾缝用于较宽缝隙的缸砖面。先将缝隙清理干净，刷水润湿，用1:1水泥细砂浆勾入缝内不小于缝深1/3，勾缝面略低于缸砖面，并应密实、平整、光滑，最后将面层余浆擦净。

擦缝用于不留缝隙或留很窄缝隙的缸砖面。用浆壶往缝隙处浇水泥浆，撒干水泥，用棉纱揉擦。缝隙擦满密实后，擦净面层余浆。

缸砖铺贴完24h后，洒水养护7d。

4. 粘贴踢脚板

踢脚板的粘贴方法同陶瓷地砖踢脚板。

6.8 楼梯面层

楼梯面层主要指踏步面层、踏步踢脚板、楼梯平台等的施工。常见的有水泥砂浆、现制水磨石等整体面层和陶瓷地砖、大理石等板块面层两大类。

一、水泥砂浆楼梯面层施工

水泥砂浆楼梯面层可按下列工艺流程施工：基层清理→弹控制线→抹水泥砂浆→水泥砂浆抹面→做防滑条→养护。

1. 基层清理

清理基层面上的杂物，并用水冲刷干净。对高低不平处应剔凿或补平。

2. 弹控制线

根据水平标高，量出楼面标高、平台标高，以此上下两头踏步口弹一斜线作为分步标准,并弹出踏步的宽度和高度控制线。

3. 抹水泥砂浆

按控制线在基层面上刷素水泥浆,随刷随铺抹 1:3 水泥砂浆,厚度 10~15mm。抹水泥砂浆应先抹立面(踢板),再抹平面(踏板),逐步由上往下抹。

抹砂浆时,先用靠尺压在上面,并按尺寸留出灰口,依靠尺用木抹子搓平,再把靠尺支在立面上抹平面,依靠尺用木抹子搓平,并做出棱角,再把砂浆面划麻,第二天罩面。

4. 抹罩面灰

罩面灰宜用 1:2 水泥砂浆,厚 8mm。罩面时,应根据砂浆干湿情况先抹出几步,再返上去压光,并用阴、阳角抹子将阴、阳角捋光。24h 后洒水养护,时间不少于 7d。

5. 做防滑条

若踏步有防滑条时,应在踏步第一遍灰抹完后,在距踏步口约 40mm 处,用素水泥浆粘上用水浸泡的宽 20mm、厚 7~10mm 的梯形米厘条,粘时小口朝下。罩面时与米厘条抹平、压光。常温条件下 7d 后取出米厘条,在槽内填抹 1:1.5 水泥金刚屑砂浆,并高出踏步面 3~4mm,用圆阳角抹子压实、捋光。

对楼梯底和侧面的抹灰要平整,侧面要抹滴水线,所有线条要交圈。

6. 踢脚线

楼梯踢脚线在面层做完后进行。做法与水泥砂浆地面踢脚线相同。

二、现制水磨石楼梯面层

现制水磨石楼梯面层灰浆一般采用 1:1.5 水泥石渣浆,石渣常用中小八厘。其他参见"水泥砂浆楼梯面层施工"和"楼(地)面现制水磨石面层施工"。

三、板块楼梯面层施工

板块楼梯面层材料常用的有陶瓷地砖、大理石板、花岗石板和预制水磨石板等。

板块楼梯面层可按下列工艺流程施工：基层清理→弹控制线→装踢脚板→装踏步立板→装踏步平板→擦缝→养护。

1. 基层清理

清除基层面上的杂物，用水冲刷干净。对凸出部分剔平，凹洼部分补平。

2. 弹控制线

在立墙上弹出踢脚线和踏步线，方法参见"水泥砂浆楼梯面层施工"。

3. 加工板材

踏步立板和踏步平板应按设计要求事先加工好，尺寸要准确。

踢脚板应按踏步的宽高及相关设计要求事先加工，一般由两部分组成：一是与踏步控制斜线与踏步宽、高尺寸相适应的三角形板材；二是与踢脚斜线及踏步斜线相适应的长条板材，其宽度一般为120～150mm；长条板材在楼梯转弯的阳角端面上应做45°角衔接，与地面的衔接按最后相接处的斜角尺寸现场裁割。

4. 安装踢脚板

先装三角板，再装长条板。安装方法与墙体材料有关，具体方法参见"饰面板面层"和"砖面层"中的踢脚板施工。

5. 安装踏步立板

按踏步控制线，在基层立面上刷素水泥浆，安放立板，用石膏临时固定。立板要垂直，上口平顺，外棱跟线，检查无误后，用1:2.5水泥砂浆浇灌立板与基层缝隙，并插捣密实。水泥砂浆终凝后，将石膏铲除。

6. 铺设踏步平板

按控制线在基层平面上刷素水泥浆，铺1:3干硬性水泥砂浆，放上踏步板，用橡胶锤敲实，符合要求后（踏步板里面部位应比外棱高1～2mm），掀起踏步板，在板背面满刮素水泥浆，平稳放在砂浆面上，用橡胶锤敲实，用水平尺校正。

穿踏步板的楼梯栏杆洞眼位置必须准确，洞眼加工的可稍大一些，楼梯栏杆安装后用与踏步板颜色相近的素水泥浆灌严。

7. 擦缝、养护

擦缝时，应根据板块材料的不同，选用不同的擦缝材料。一般先擦立缝，再擦踢脚，最后擦平台。

楼梯面层铺完后，应养护 3d。

6.9 台 阶

台阶有水泥台阶、现制水磨台阶、花岗石台阶、剁斧石（斩假石）台阶等。

一、台阶构造

台阶构造见表 6-39、表 6-40、表 6-41 和表 6-42。

水泥台阶构造　　　　　　表 6-39

构造层名称		使用材料	厚度（mm）	说　明
面　层		1:2.5 水泥砂浆	20	垫层 C15 混凝土厚度不包括踏步三角部分，台阶面向外坡 1%
结合层		素水泥浆		
垫　层	1	C15 混凝土	60	
		3:7 灰土	300	
	2	C15 混凝土	60	
		卵石灌 M2.5 混合砂浆	300	
基　土		素土夯实（坡度按设计）		

现制水磨石台阶构造　　　　　　表 6-40

构造层名称		使用材料	厚度（mm）	说　明
面　层		1:2.5 水泥石渣浆	10	1. 垫层 C15 混凝土厚度不包括踏步三角部分 2. 适用于室内 3. 台阶超过三步以上时应加防滑条
结合层		素水泥浆		
		1:3 水泥砂浆	20	
垫　层	1	C15 混凝土	60	
		3:7 灰土	150	
	2	C15 混凝土	60	
		卵石灌 M2.5 混合砂浆	150	
基　土		素土夯实（坡度按设计）		

剁斧石台阶构造 表 6-41

构造层名称		使用材料	厚度（mm）	说　明
面　层		1:2.5 水泥石渣浆	10	垫层 C15 混凝土厚度不包括踏步三角部分，台阶面向外坡 1%
结合层		素水泥浆		
		1:3 水泥砂浆	15	
		素水泥浆		
垫　层	1	C15 混凝土	60	
		3:7 灰土	300	
	2	C15 混凝土	60	
		卵石灌 M2.5 混合砂浆	300	
基　土		素土夯实（坡度按设计）		

花岗石台阶构造 表 6-42

构造层名称		使用材料	厚度（mm）	说　明
面　层		花岗岩条石		垫层 C15 钢筋混凝土双向配筋 $\phi 6 \sim 150$，厚度不包括踏步三角部分；台阶面向外坡 1%
结合层		1:3 干硬性水泥砂浆	30	
		素水泥浆		
垫　层	1	C15 现制钢筋混凝土	100	
		3:7 灰土	150	
	2	C15 现制钢筋混凝土	100	
		1:8 水泥焦渣	150	
基　土		素土夯实（坡度按设计）		

二、台阶施工放线

台阶放线应以门口为中心进行，并根据室外平台和台阶尺寸分出每步高度和宽度，设立水平桩，确定第一步标准位置和台阶标高。

台阶标高应根据室内外的高低差，均匀等分，一般踏步数不应少于 2 级。台阶踏步高度常为 100~150mm，不宜大于 150mm；

踏步宽度常为300~350mm，不宜小于300mm；长度根据材料和室内外环境确定。

三、台阶施工

1. 水泥台阶

（1）垫层：按设计坡度要求完成3:7灰土垫层的夯实工作后，在斜面上分出每步宽度和高度，设置水平桩，铺钉踏步侧模（模板间距为踏步宽度）。铺钉模板时应注意踏步面向外坡1%。模板支好检查无误后，浇筑60mm厚C15混凝土。

（2）面层：混凝土终凝后，扫净其表面，洒水润湿，刷素水泥浆一道，随即抹1:2.5水泥砂浆，厚度20mm，并压实赶光。

2. 现制水磨石台阶

（1）垫层：施工方法同水泥台阶。

（2）结合层、面层：施工方法同现制水磨石地面。台阶超过三步时，应加防滑条，防滑条的施工方法同楼梯防滑条。

3. 剁斧石台阶

（1）垫层：施工方法同水泥台阶。

（2）结合层：扫净垫层混凝土表面，洒水润湿，刷素水泥浆一道，随即抹15mm厚1:3水泥砂浆，用木抹子搓平，并做出棱角，再把砂浆面划麻，次日罩面。

（3）面层：面层采用1:1.25水泥石渣浆，厚度一般为10mm，石渣一般采用小八厘内掺3%石屑。抹面层灰时，先在结合层面上刷素水泥浆，随即抹1:1.25水泥石渣浆，用抹子压实压光，并用阴、阳角抹子将阴、阳角捋光。常温条件下养护7d后，用剁斧将面层剁毛。剁时方向要一致，剁纹均匀，深浅一致，不得漏剁，一般两遍成活。

4. 花岗石台阶

（1）垫层：按设计坡度要求完成垫层的夯实工作后，在斜面上分出每步宽度和高度，设置水平桩，铺设踏步侧模，模板间距为踏步宽度。模板支好检查无误后，绑扎钢筋，浇筑100mm厚混凝土，用钎插捣密实，注意垫层面应向外坡1%。

(2) 面层：花岗石台阶多用加工好的条石铺砌，一般先铺彻底层台阶，然后由下往上逐步进行。铺砌时，先在垫层面上刷素水泥浆，随即摊铺 30mm 厚 1:3 干硬性水泥砂浆，随铺砂浆随铺砌花岗岩条石，并用橡胶锤敲实，接缝用同色砂浆擦揉密实。台阶较长时，每个踏步板的长向接缝应与上下板接缝错开 1/2 板长。

6.10 坡　　道

一、坡道构造

坡道有水泥防滑坡道、水泥礓磋坡道、水刷豆石坡道等，其构造见表 6-43、表 6-44 和表 6-45。

水泥防滑坡道构造　　　　表 6-43

构造层名称		使用材料	厚度（mm）	说　明
面　层		1:2 水泥砂浆	20	
		15mm 宽金刚砂防滑条		
结合层		素水泥浆		如有机动车通过时，混凝土垫层宜用 100mm 厚
垫　层	1	C15 混凝土	60~100	
		3:7 灰土	300	
	2	C15 混凝土	60~100	
		卵石灌 M2.5 混合砂浆	300	
基　土		素土夯实（坡度按设计）		

水泥礓磋坡道构造　　　　表 6-44

构造层名称		使用材料	厚度（mm）	说　明
面　层		1:2 水泥砂浆	25	
结合层		素水泥浆		
垫　层	1	C15 混凝土	60~100	同表 6-43
		3:7 灰土	300	
	2	C15 混凝土	60~100	
		卵石灌 M2.5 混合砂浆	300	
基　土		素土夯实（坡度按设计）		

水刷豆石坡道构造　　　　　　表6-45

构造层名称	使用材料		厚度（mm）	说　明
面　层	1:2水泥豆石浆		20	
结合层	素水泥浆			
垫　层	1	C15混凝土	60~100	同表6-43
		3:7灰土	300	
	2	C15混凝土	60~100	
		卵石灌M2.5混合砂浆	300	
基　土	素土夯实（坡度按设计）			

二、坡道坡度

坡道坡度应符合设计要求，当设计无要求时，室内坡道不应大于1:8；室外坡道不应大于1:10；供轮椅用的坡道不应大于1:12，并在两侧设高度为0.65m的扶手。

当室内坡道水平距离超过15m时，宜设休息平台。

三、水泥防滑坡道施工

将垫层面清扫干净，洒水润湿，刷素水泥浆，随即抹20mm厚1:2水泥砂浆面层，并做15mm宽凸出坡面的金刚砂防滑条，中距为80mm，具体施工方法与楼梯面层做防滑条相同。

四、水泥礓磜坡道施工

坡道面层做出40~80mm宽、7mm深的礓磜。

在垫层斜面上按坡度冲筋，然后用厚7mm、宽40~80mm四面刨光的靠尺板放在斜面最高处，按每步宽度铺抹1:2水泥砂浆面层，其高端和靠尺板上口相平，低端与冲筋面平，形成斜面。

每步铺抹水泥砂浆后，先用木抹子搓平，再用钢皮抹子压光，起取靠尺板，逐步由上往下施工。

五、水刷豆石坡道施工

在垫层面上刷素水泥浆，随即铺抹20mm厚1:2水泥豆石浆面层，并压实压平。待面层吸水后，先用刷子蘸水刷一遍，并用抹子压拍一遍后，再用刷子蘸水将表面水泥浆刷净，再用抹子压拍一遍。待面层具有一定强度（手按无痕迹，石子不松动）时，将面层约2mm深的水泥浆刷净。

6.11 散水

一、散水构造

散水宽度一般应大于800mm，且要较屋顶挑檐宽约200mm，横向坡度一般为3%~5%。其构造见表6-46。

散水构造　　　　　　　　表6-46

构造层名称		使用材料	厚度（mm）	说明
面 层	1	1:2:3细石混凝土	40	长度方向每12m左右应设伸缩缝一道
	2	C15混凝土	50	
垫 层	1	3:7灰土	150	
	2	卵石灌M2.5混合砂浆	150	
基 土		素土夯实（坡度按设计）		

二、散水施工

混凝土散水，有40mm厚1:2:3细石混凝土和50mm厚C15混凝土面层两种方法。

根据水平标高，从建筑物墙根弹线，以此线标出散水面层上、下标高，在下标高处支模板，上标高靠墙根用10~20mm薄板做隔断（混凝土终凝前取出），长度方向间距12m左右用20mm木条做伸缩缝。检查无误后，浇筑混凝土，表面撒1:1水泥砂压实赶光。

6.12 地面抹灰及饰面质量要求

一、垫层质量要求

垫层表面平整度、坡度、厚度的允许偏差应符合表6-47的规定。

垫层表面允许偏差　　　　　　　表6-47

项　目	允许偏差（mm）		检验方法
	砂、砂石、碎石、碎砖	灰土、三合土、炉渣、混凝土	
表面平整度	15	10	用2m直尺检查
标　高	±20	±10	用水准仪检查
坡　度	表面与水平面或与设计坡度的允许偏差为房间相应尺寸的0.2%，但最大偏差应为30mm		用坡度尺检查
厚　度	厚度与设计厚度的允许偏差为该层厚度的10%		尺量检查

二、整体面层质量要求

1. 外观质量应符合下列规定：

（1）水泥砂浆地面：表面洁净，无裂纹、脱皮、麻面和起砂等缺陷。

（2）细石混凝土及菱苦土地面：表面密实光洁，无裂纹、脱皮、麻面、起砂等缺陷。

（3）现制水磨石地面：表面光滑，无明显裂纹、砂眼和磨纹；石粒密实，显露均匀；颜色图案一致，不混色；分格条牢固、顺直和清晰。

（4）踢脚线：与墙面应紧密结合，高度一致，出墙厚度均匀；局部空鼓长度不大于300mm，且每自然间（标准间）不多于2处。

（5）楼梯踏步和台阶：宽度、高度应符合设计要求；楼层梯段相邻踏步高度差不应大于10mm，每踏步两端宽度差不应大于10mm，旋转楼梯梯段的每踏步两端宽度的允许偏差为5mm；踏步的齿角应整齐，防滑条应顺直。

（6）有泛水坡度要求的面层：坡度应符合设计要求，不得有倒泛水和积水现象。

（7）整体面层与下一层结合应牢固，无空鼓、裂纹。

(8) 沉降缝、伸缩缝和防震缝应与结构相应缝的位置一致，且应贯通建筑地面的各构造层。

(9) 有强裂机械作用下的水泥类整体面层与其他类型的面层邻接处，金属镶边构件的设置应符合设计要求。

2. 整体面层的允许偏差应符合表6-48的规定。

整体面层的允许偏差　　　　表6-48

项目	允许偏差（mm）					检验方法
	细石混凝土	水泥砂浆	普通水磨石	高级水磨石	菱苦土	
表面平整度	5	4	3	2	4	用2m靠尺和塞尺检查
踢脚线上口平直	4	4	3	3	4	拉5m线和用钢尺检查
缝格平直	3	3	3	2	3	

三、饰面板（砖）面层质量要求

1. 外观质量应符合下列规定：

(1) 各种面层所用的饰面板（砖）的品种、质量以及结合层和填缝的材料，必须符合设计要求。

(2) 面层与下一层的结合（粘结）应牢固，无空鼓。

(3) 饰面板（砖）面层的表面应洁净、图案清晰，色泽一致，接缝平整、均匀，周边顺直；板（砖）无裂纹、掉角和缺棱等缺陷。

(4) 面层邻接处的镶边用料及尺寸应符合设计要求，边角整齐、光滑。

(5) 有排水（或其他液体）要求的地面面层表面的坡度应符合设计要求，不倒泛水，无积水；与地漏、管道结合处应严密牢固，无渗漏。

(6) 踢脚板表面应洁净，高度一致，结合牢固，出墙厚度一致。

(7) 楼梯踏步和台阶板（砖）的缝隙宽度应一致，齿角整齐；楼层梯段相邻踏步高度差不应大于10mm；防滑条顺直、牢固。

(8) 直接在建筑地面上安装机械设备和有特殊要求的面层，连接件安装应符合设计要求。

2. 饰面板（砖）面层的允许偏差应符合表6-49的规定。

饰面板（砖）面层的允许偏差　　　　表6-49

项目	允许偏差（mm）					检验方法
	陶瓷地砖、陶瓷锦砖、高级水磨石	缸砖面层	水泥花砖面层	普通水磨石板	大理石面层、花岗岩面层	
表面平整度	2	4	3	3	1	用2m靠尺和塞尺检查
缝格平直	3	3	3	3	2	拉5m线，用钢尺检查
接缝高低差	0.5	1.5	0.5	1	0.5	用钢尺和塞尺检查
踢脚板上口平直	3	4	—	4	1	拉5m线，用钢尺检查
板块间隙宽度	2	2	2	2	1	用钢尺检查

7 特种砂浆面层

7.1 重晶石砂浆面层

重晶石（钡砂）含有硫酸钡，用它作为掺合料制成砂浆的面层对 X_x 和 Y_y 射线有阻隔作用，常用作 X 射线探伤室、X 射线治疗室、同位素实验室等墙面抹灰。

一、使用材料及配合比

1. 使用材料
（1）水泥：32.5 级普通硅酸盐水泥。
（2）砂：一般采用洁净中砂，含泥量不应大于 2%。
（3）重晶石（钡砂）：粒径 0.6~1.2mm，洁净无杂质。
（4）重晶石粉（钡粉）：细度通过 0.3mm 筛。

2. 配合比
重晶石砂浆配合比见表 7-1。

重晶石砂浆配合比 表 7-1

材 料	水 泥	砂	钡 砂	钡 粉	水
配合比	1	1	1.8	0.4	0.48
每 m³ 用量 (kg)	526	526	947	210.4	252.5

3. 重晶石砂浆搅拌

重晶石砂浆搅拌时，要严格控制配合比和稠度，拌合用料必须要过秤，搅拌砂浆的水要加热到 50℃，按比例先将重晶石粉（钡粉）与水泥拌合均匀，然后加入砂和重晶石砂（钡砂）拌合至均匀后,再加水搅拌均匀。每次拌料要在1h内用完。

二、抹重晶石砂浆

1. 基层处理

清除墙面尘污,对凹凸不平处用1:3水泥砂浆找平或凿平,并浇水润湿。

2. 抹砂浆

抹灰一般应根据设计厚度分7~8次抹成,要一层竖抹一层横抹分层施工,每层抹灰厚度不得超过3~4mm,而且每层抹灰要连续施工,不得留施工缝。抹灰过程中,如果发现裂缝,必须铲除重抹,每层抹完后30min要用抹子压一遍,表面划毛,最后一层必须待收水后用铁抹子压光。

阴阳角要抹成圆弧形,以免棱角开裂。

每天抹灰后,昼夜喷水养护不少于5次,整个抹灰完成后要关闭门窗一周,地面要浇水,使室内有足够的湿度,并用喷雾器喷水养护,养护期一般不少于14d,养护温度保持在15℃以上。

7.2 膨胀珍珠岩浆面层

膨胀珍珠岩浆是以水泥为胶结材料,以膨胀珍珠岩为集料拌制而成。它具有重量轻、导热系数小的特点,可用于保温隔热要求较高的墙面、屋面及油罐、管道等的表面抹灰。

一、使用材料及配合比

1. 使用材料

(1) 水泥:32.5级普通硅酸盐水泥或矿渣硅酸盐水泥。

(2) 膨胀珍珠岩:体积密度分轻、中、重三级,抹灰常用轻级(小于80kg/m^3)或中级(80~120kg/m^3)。

(3) 松香酸钠加气剂:其配制方法(重量比)如下:

1) 按1:4.5(氢氧化钠:水)配成氢氧化钠溶液;

2) 将氢氧化钠溶液加热至沸点,然后按1:0.36(氢氧化钠溶液:松香粉,松香粉过3mm筛)将松香粉缓慢加入,随加随搅

拌,并继续熬煮 1~1.5 小时,至松香完全溶化、颜色均匀、没有颗粒为止,冷却备用(在熬制过程中蒸发掉的水分应补充);

3)为了使加气剂用量准确,在使用前可另加 9 倍水进行稀释后再用。

2. 配合比

膨胀珍珠岩浆配合比见表 7-2。

膨胀珍珠岩浆配合比及适用部位　　　表 7-2

配合比(重量比)	水泥	水	膨胀珍珠岩	加气剂	稠度(cm)	适用部位
Ⅰ	1	0.5	0.4	—	7	空调控制室墙面
Ⅱ	1	0.35	0.6	—	—	屋面保温层
Ⅲ	1	0.41	0.4	0.05%	6.5	液氧排放槽基础

二、抹膨胀珍珠岩浆

1. 基层处理

清除基层表面尘污,并适量洒水润湿,但不宜过湿。

2. 抹灰

膨胀珍珠岩浆抹灰一般可分为底层、面层两层或底层、中层、面层三层做法。

(1)两层抹灰做法:

基层润湿后,用水泥珍珠岩浆抹底,厚度宜为 15mm。抹底层灰时,抹子不要用力过大,以免增加抹灰层密度而影响隔热保温效果。

底层灰抹完后第二天,视情况润湿后,用水泥珍珠岩浆罩面,厚度宜为 12mm。面层要刮平、抹平,用抹子溜一遍,待收水后再压一遍,最后用塑料压子压光。每遍压光要轻,不可过于用力。

两层抹灰多适用于油罐、管道等的保温层和室内有保温要求的墙面。

(2) 三层抹灰做法：

基层润湿后，用水泥珍珠岩浆抹底，厚度宜为 15mm。第二天抹中层灰找平，厚度宜为 5~8mm，待中层灰稍干后，用木抹子轻轻搓平。

中层灰六、七成干时，用纸筋灰罩面。面层分两遍完成，一般第一遍竖抹，薄薄刮一层；待稍收水后抹第二遍，要横抹。抹平后用托线板挂垂直、靠平，用抹子压光。阴阳角处要抹成圆弧形，不能有裂纹。

7.3 耐酸砂浆面层

耐酸砂浆是以水玻璃为胶结剂、氟硅酸钠为固化剂、耐酸粉为填充料、耐酸砂为骨料拌制而成。常用作有抗酸性物质侵蚀要求的工作间外表面抹灰。

一、使用材料及配合比

1. 使用材料

(1) 耐酸砂：一般采用石英砂、安山岩石屑、文石石屑；也可采用质地较好的黄砂，但要经耐腐蚀检验。

(2) 耐酸粉：常采用石英粉、辉绿岩粉、瓷粉、安山岩粉、69 号耐酸灰等。

(3) 水玻璃、氟硅酸钠：根据设计要求选用。水玻璃类材料的施工温度以 15~30℃ 为宜，低于 10℃ 时应加热后使用，但不宜用蒸气直接加热。氟硅酸钠等有毒材料要做出标记，安全存放，由专人保管。

2. 配合比

一般依设计要求，如果设计无要求时，可参考下述配合比：

(1) 耐酸胶泥配合比：耐酸粉∶氟硅酸钠∶水玻璃 = 100∶5~6∶40。

(2) 耐酸砂浆配合比：耐酸粉∶耐酸砂∶氟硅酸钠∶水玻璃 = 100∶250∶11∶74。

3. 拌制

(1) 耐酸胶泥拌制：先把耐酸粉和氟硅酸钠拌均匀，而后慢慢加入水玻璃，边加边拌合至均匀。每次拌料要在 30min 内用完。

(2) 耐酸砂浆拌制：先把耐酸粉、耐酸砂和氟硅酸钠拌均匀，然后慢慢加入水玻璃，边加边拌合至均匀。每次拌料要在 30min 内用完。

二、抹灰

1. 基层处理

将基层表面的杂物清除干净，凸处部位要剔平，凹处要用 1:3 水泥砂浆补平。基层要表面平整、清洁、无起砂现象，具有足够的强度，并且干燥，含水率要小于 6%。如果在呈碱性的水泥砂浆或混凝土基层上抹灰时，应设沥青卷材、沥青胶泥等隔离层。如果在金属表面抹灰时，可直接把耐酸胶泥刷在金属基层上，但应把毛刺、焊渣、铁锈、油污、尘土等清除。

2. 抹耐酸胶泥

在基层上涂抹二道耐酸胶泥，二道间隔时间不少于 12h，而且要相互垂直涂抹。涂抹时要往复进行，以利封闭严密；并要涂抹均匀，不得产生气泡。

3. 抹耐酸砂浆

第二道耐酸胶泥涂抹后，可涂抹耐酸砂浆，厚度控制在 3~4mm。涂抹时，一般为 7~8 遍成活；每遍抹灰都要按一个方向一抹子成活，不要来回反复，如果需要用第二抹子，也要按同一方向抹压。每两层间要相互垂直进行，间隔时间为 12~24h。

面层要压出光面，阴阳角处要抹成圆弧形，不能有裂纹。

涂抹过程中，房间要适当封闭，不可过于通风，以免干裂。如果出现裂纹，要铲掉重新涂抹，以免造成涂抹层耐酸效果不良。

4. 养护

全部抹完后，应在干燥、+15℃以上温度下进行养护，养护期不少于20d。

5. 酸洗

养护期后，用30%浓度的硫酸溶液清刷表面进行酸洗处理。每次清刷后墙面析出的白色物要在下一次清刷前擦去。每次清刷间隔时间可依析出物质多少而定，一般前两次间隔时间稍短一些，以后逐渐延长，直到再无白色物析出为止。

6. 劳动保护

耐酸砂浆所用材料中有有毒材料，所以材料进场后要放在防雨的干燥仓库，专人保管；粉料搅拌应使用密闭的搅拌箱，现场要通风，操作人员要穿工作服、戴口罩、眼镜等；进行酸洗时要穿胶鞋、带胶手套等。

7.4 水泥钢（铁）屑面层

水泥钢（铁）屑面层采用水泥与钢（铁）屑的拌和料铺设，具有强度高、硬度大、耐冲击、耐摩擦等特点，适用于经常有机动车辆行驶或坚硬物件冲击、滚动、摩擦的地面。

一、水泥钢（铁）屑地面构造

水泥钢（铁）屑地面构造见表7-3。

水泥钢（铁）屑地面构造　　　　表7-3

构造层名称	使用材料	厚度（mm）	说　明
面　层	水泥钢（铁）屑砂浆	30~40	
结合层	1:2水泥砂浆	20	
垫　层	C10混凝土	60~100	
	3:7灰土	100~200	
基　土	素土夯实		

二、面层材料及配合比

1. 使用材料

（1）水泥：强度等级不应小于 32.5 级的硅酸盐水泥或普通硅酸盐水泥。

（2）砂：洁净中、粗砂。

（3）钢（铁）屑：粒径应为 1~5mm；钢（铁）屑中不应有其他杂质，使用前应去油除锈，冲洗干净并干燥。

2. 配合比

水泥钢（铁）屑面层配合比应通过试验确定，抗压强度不应小于 40MPa；当采用振动法使水泥钢（铁）屑拌和料密实时，其密度不应小于 2000kg/m³，其稠度不应大于 10mm。

结合层水泥砂浆配合比为 1:2，相应的强度等级不应小于 M15。

三、水泥钢（铁）屑面层施工

1. 基层处理

清理基层表面杂物，洒水湿润。

2. 设标高

按水平标高，设水泥砂浆结合层和水泥钢（铁）屑面层标高线，并做出结合层灰饼。

3. 抹结合层

在混凝土垫层（基层）上刷 1:0.4~0.5 素水泥浆一道，随后铺抹 20mm 厚 1:2 水泥砂浆，依灰饼用木杠刮平，木抹子搓平，压实后养护。

4. 抹面层

当水泥砂浆达到抗压强度 1.2MPa 时，在其上刷 1:0.4~0.5 素水泥浆一道，随即摊铺 30~40 厚水泥钢（铁）屑拌合料，用刮尺找平，木抹子搓平，铁抹子压光。

第一遍压至出浆为止。若拌合料过稀，抹压后出现泌水，可均匀撒少许 1:1 干水泥砂（砂过 3mm 筛），用木抹子抹压，水泥砂吸水后，用铁抹子压平。

面层初凝后（上人有脚印，但不下陷），用铁抹子抹压第二遍，表面应压平、压光。

面层终凝前（上人稍有脚印，但用抹子抹压不再有抹纹）前，用铁抹子用力抹压第三遍，将第二遍抹灰留下的抹纹全部压平、压实、压光。

大面积施工时，水泥钢（铁）屑面层应用平板振动器振实。

5. 养护

水泥钢（铁）屑面层抹完12h后，用锯末或其他覆盖材料护盖，洒水养护，14d后方可使用。

四、质量要求

1. 面层和结合层的强度等级必须符合设计要求。
2. 面层与下一层结合必须牢固，无空鼓。
3. 面层表面坡度应符合设计要求。
4. 面层表面不应有裂纹、脱皮、麻面。
5. 水泥钢（铁）屑面层的允许偏差应符合下列规定：
(1) 表面平整度允许偏差4mm。
(2) 踢脚线上口平直允许偏差为4mm。
(3) 缝格平直允许偏差为3mm。

7.5 防油渗面层

防油渗面层采用防油渗混凝土铺设或采用防油渗涂料涂刷。

一、防油渗地面构造

防油渗地面构造见表7-4。

防油渗地面构造　　　　表7-4

构造层名称	使用材料	厚度（mm）	说　明
面　层	防油渗混凝土或防油渗涂料		
隔离层	一布二胶	4	
结合层	防油渗底子油	1.5~2	
基　层	水泥类		

二、面层材料及配合比

1．使用材料

（1）水泥：强度等级应不小于32.5级的普通硅酸盐水泥。

（2）碎石：花岗石或石英石，粒径为5~15mm，其最大粒径不应大于20mm，含泥量不应大于1%，严禁使用松散多孔和吸水率大的石子。

（3）砂：中砂，洁净无杂物，其细度模数应为2.3~2.6。

（4）外加剂和防油渗剂：应符合产品质量标准。

（5）防油渗涂料：应具有耐油、耐磨、耐火和粘结性能。

2．配合比

防油渗混凝土的配合比应按设计要求的强度等级和抗渗性能通过试验确定，强度等级不应小于C30。

防油渗涂料抗拉粘结强度不应小于0.3MPa。

三、防油渗面层施工

1．防油渗混凝土面层

（1）基层处理：

水泥类基层面应清理干净。基层面应平整、洁净、干燥、无起砂。

防油渗混凝土面层内不得敷设管线。凡露出面层的电线管、接线盒、预埋套管和地脚螺栓等的处理，以及与墙、柱、变形缝、孔洞等连接处泛水均应符合设计要求。当设计无要求时，电线管、接线盒、预埋套管和地脚螺栓等应用防油渗胶泥或环氧树脂进行处理。

防油渗混凝土面层应按厂房柱网分区段浇筑，区段划分及分区段缝应符合设计要求。当设计无要求时，区段面积不宜大于50m^2，分区段缝的宽度宜为20mm，并上下贯通。

（2）防油渗胶泥底子油配制：

常用的防油渗胶泥底子油是将熬好的防油渗胶泥自然冷却到85~90℃，然后，边搅拌边缓慢加入按配合比要求的二甲苯和环己酮混合溶剂，拌至防油渗胶泥全部溶解为止。

(3) 涂刷防油渗底子油：

在水泥类基层面均匀刮涂防油渗底子油一遍。与墙、柱交接处，应在墙、柱面上均匀刮涂高度不小于 30mm 的防油渗底子油一遍。

(4) 做防油渗隔离层：

防油渗底子油刮涂后，将加温的防油渗胶泥均匀刮涂一道，厚度 1.5~2mm，随即将玻璃纤维布平整粘贴在表面，纤维布的搭接宽度不应小于 100mm。纤维布在地面与墙、柱交接处，应在立面卷起贴高 30mm 以上。施工中，应将纤维布压平整，且无气泡，收头处尤需粘贴牢固。纤维布铺贴完后，在纤维布表面刮涂一层 1.5~2mm 厚的防油渗胶泥。

一布二胶防油渗隔离层完工后，应检查质量，符合要求再进行下道工序。

(5) 浇筑防油渗混凝土：

防油渗混凝土应按区段浇筑，厚度宜为 60~70mm，面层内配置的钢筋应根据设计确定，并应在分区段缝处断开。浇筑时，防油渗混凝土的坍落度不宜大于 10mm，振捣应密实，不得漏振，表面应抹平、压光，并养护。

(6) 填缝：

防油渗混凝土面层的抗压强度达到 5MPa 后，将分区段缝内清理干净并干燥，在刷涂一道同类防油渗底子油后，趁热灌注防油渗胶泥，灌注高度离面层表面 20~25mm，最后用膨胀水泥砂浆封缝。

(7) 养护：

防油渗混凝土面层抹平、压光 12h 后，洒水养护，养护期不少于 14d。

2. 防油渗涂料面层

防油渗涂料应在整浇水泥基层面上涂刷。要求基层面干净、干燥、无起砂。

(1) 防油渗水泥浆配制：

防油渗水泥浆由防油渗混合乳液与水泥拌合而成。

防油渗混合乳液采用10%浓度的磷酸三钠水溶液中和氯乙烯—偏氯乙烯共聚乳液，其pH值宜为7~8，加入浓度为40%的OP溶液，搅拌均匀，然后加入少量消泡剂（以消除表面泡沫为度）。

将氯乙烯—偏氯乙烯混合乳液和水，按照1:1配合比搅拌均匀后，边拌边加入要求加入量的水泥，充分拌匀。

(2) 做防油渗隔离层

先在基层表面刷涂一层防油渗水泥浆，再做"一布二胶"隔离层，方法同防油渗混凝土面层。

(3) 刷涂防油渗涂料

隔离层检查符合要求后，刷涂（喷涂）防油渗涂料。涂料刷涂（喷涂）不得少于三遍，涂层厚度宜为5~7mm。涂料配合比及施工，应按产品标准规定的特点、性能等要求进行。

四、质量要求

1. 防油渗混凝土面层与下一层应结合牢固，无空鼓；表面不应有裂纹、脱皮、麻面和起砂现象。

2. 防油渗涂料面层与基层应粘结牢固，严禁有起皮、开裂、漏涂等缺陷。

3. 防油渗面层的允许偏差应符合下列规定：表面平整度允许偏差为5mm；缝格平直允许偏差为3mm。

7.6 不发火（防爆型）面层

不发火（防爆）面层采用水泥类的拌合料铺设。适用于化工、化纤、危险品仓库等地面工程。

一、不发火（防爆）地面构造

不发火（防爆）楼地面构造见表7-5和表7-6。

不发火地面构造 表7-5

构造层名称		使用材料	厚度(mm)	说 明
面 层		1:2.5水泥砂浆	20	
结合层		素水泥浆		
垫 层	1	C10混凝土	50	
		3:7灰土	150	
	2	C10混凝土	50	
		卵石灌M2.5混合砂浆	150	
基 土		素土夯实		

注：适用于要求不发火的房间地面。

不发火楼面构造 表7-6

构造层名称	使用材料	厚度(mm)	说 明
面 层	1:2.5水泥砂浆	20	
结合层	素水泥浆		
基 层	钢筋混凝土现制楼板		

二、面层材料

1. 水泥：强度等级不应小于32.5级的普通硅酸盐水泥。

2. 碎石：大理石、白云石或其他石料加工而成，并以金属或石料撞击时不发生火花为合格。

3. 砂：质地坚硬、表面粗糙，其粒径宜为0.15~5mm，含泥量不应大于3%，有机物含量不应大于0.5%。

4. 分格条：按不发生火花的材料配制。

三、不发火（防爆）建筑地面材料及其制品不发火性试验

不发火（防爆）面层材料配制时应随时检查，不得混入金属或其他易发生火花的杂质。并应对石料和强化后的拌合料制品试件，在金刚砂轮上做摩擦试验。试验时应符合下列规定。

1. 不发火性的定义

当所有材料与金属或石块等坚硬物体发生摩擦、冲击或碰撞

等机械作用时，不发生火花（或火星），致使易燃物引起发火或爆炸的危险，即为具有不发火性。

2. 试验方法

(1) 试验前的准备。材料不发火的鉴定，可采用砂轮来进行。试验的房间应完全黑暗，以便在试验时易于看见火花。

试验用的砂轮直径为150mm，试验时其转速应为600～1000r/min，并在暗室内检查其分离火花的能力。检查砂轮是否合格，可在砂轮旋转时用工具钢、石英岩或含有石英岩的混凝土等能发生火花的试件进行摩擦，摩擦时应加10～20N的压力，如果发生清晰的火花，则该砂轮即认为合格。

(2) 粗骨料试验。从不少于50个试件中选出做不发生火花试验的试件10个。被选出的试件，应是不同表面、不同颜色、不同结晶体、不同硬度的。每个试件重50～250g，准确度应达到1g。

试验时也应在完全黑暗的房间内进行。每个试件在砂轮上摩擦时，应加以10～20N的压力，将试件任意部分接触砂轮后，仔细观察试件与砂轮摩擦的地方，有无火花发生。

必须在每个试件上磨掉不少于20g后，才能结束试验。

在试验中如没有发现任何瞬时的火花，该材料即为合格。

(3) 粉状骨料的试验。粉状骨料除着重试验其制造的原料外，并应将这些细粒材料用胶结料（水泥或沥青）制成块状材料来进行试验，以便于以后发现制品不符合不发火的要求时，能检查原因，同时也可以减少制品不符合要求的可能性。

(4) 不发火水泥砂浆、水磨石和水泥混凝土的主要试验方法同前。

四、不发火（防爆）面层施工

1. 基层处理

清理干净基层表面的杂物，洒水湿润。

2. 设标高、做灰饼

按水平标高，设面层标高线，做灰饼。

3. 抹面层

在基层上刷一遍 1:0.4~0.5 素水泥浆结合层，随后铺抹 20mm 厚的 1:2.5 水泥砂浆（不发火水泥砂浆拌合料），依灰饼用木杠刮平，木抹子搓平，压实，铁抹子压光。

第一遍压光应以出浆为止。若砂浆过稀，抹压后出现泌水，可均匀撒少量 1:1 干水泥砂（砂过 3mm 筛），用木抹子抹压，干水泥砂吸水后，用铁抹子压平。

水泥砂浆初凝后（面层上人有脚印，但不下陷时），用铁抹子抹压第二遍。抹压后，表面应压平、压光。

水泥砂浆终凝前（面层上人稍有脚印，但用铁抹子抹压不再有抹纹时），进行第三遍抹压。压光时应用力，将第二遍留下的抹纹全部压平、压实、压光。

三遍抹压应在水泥砂浆终凝前完成。

4. 养护

面层抹完压光 12h 后，用锯末或其他覆盖材料护盖，洒水养护 7d 后方可使用。

五、质量要求

1. 面层与下一层应结合牢固，无空鼓；表面应密实，无裂缝、蜂窝、麻面等缺陷。

2. 不发火（防爆）面层的强度等级应符合设计要求；面层的试件必须检验合格。

3. 不发火（防爆）面层的允许偏差应符合下列规定：表面平整度允许偏差为 5mm，缝格平直允许偏差为 3mm。

8 特殊部位抹灰

8.1 檐口抹灰

檐口是建筑物最高的部位，按所用材料和工艺的不同，分为水泥砂浆、干粘石、水刷石抹灰及面砖、石材粘贴等。本节主要介绍檐口水泥砂浆抹灰。

一、基层处理

（1）先在两边大角拉线检查偏差值的大小，如果是预制混凝土板，可以通过拉线的方法，用撬棍撬动，下边塞木楔子来调直；

（2）清除干净板底的砂、土等杂物，个别凸出的石子凿剔平整，浇水润湿后，用1:3水泥砂浆把两块檐板间的缝隙勾平；

（3）缝隙比较大时，要在板底吊木模板，在上边用1:3水泥砂浆或1:2:4水泥豆石混凝土灌严、捣实，隔天拆除模板，视基层干湿度，酌情浇水润湿。

二、抹灰

檐口抹灰包括底面抹灰、立面抹灰和压顶三部分。

1. 抹底层灰

底层灰用1:3水泥砂浆分两遍完成。

（1）第一遍先将立面（内外）抹一层厚度为8mm的砂浆，抹灰时抹子要从立面下部和底边相齐或低于底边5mm处向上推抹子，使下部阳角处砂浆抹饱满，抹子要一直推抹到上阳角，把砂浆卷过上阳角的上顶面处，在里边立面也抹完的同时，在上顶小平面上打灰，用抹子反复抹压使之粘结牢固；

(2) 在底面用素水泥浆薄薄刮抹一道粘结层,随即抹底面水泥砂浆,抹灰时抹子从外阳角处开始向里推抹,使下边阳角处的砂浆饱满;抹第一遍底层灰要用力,使之粘结牢固,抹子可以放陡一些,类似刮糙;

(3) 第一遍底层灰四、五成干后抹第二遍。先在立面下边阳角处反粘总长与檐口长度相等的八字靠尺,靠尺高低以檐口的底面能抹上砂浆为准,且拉线找直;

(4) 在檐底内墙上弹出抹底层灰的控制线,外边依靠尺,里边依弹线,用水泥砂浆把檐口的底面抹平、刮平,用木抹子搓平,待收水后取下靠尺;

(5) 在檐口底面抹灰的同时或之后,可以抹檐口上顶小平面,抹灰前在内外两侧立面上反粘八字靠尺,用卡子把双尺卡牢;

(6) 按设计要求的立面高度,用卷尺依下边抹好的底面为准量出檐口两端上外靠尺的高度,拉通线把外靠尺调直,再依外靠尺把内靠尺调直,要求外靠尺高于内靠尺,使上顶平面向内坡,以便雨水流入天沟(图8-1);

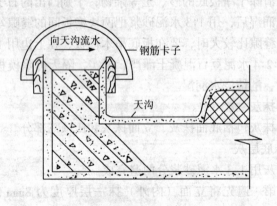

图 8-1 檐口上部用尺示意

(7) 把上顶小平面抹上水泥砂浆,用木抹子搓平后,拆掉靠尺,把里边靠尺正放在上顶小平面上,把外靠尺正托在抹好的底面近外角处，用大卡子把上下靠尺卡住，先把底靠尺的两端以立面能抹上灰为准调好，拉通线调好中间靠尺，再依下靠尺为准把上靠尺调直，要求上下靠尺在同一垂直线上；

（8）把立面依上下靠尺用水泥砂浆抹平、刮平，木抹子搓平。收水后取下靠尺。

2．粘滴水米厘条

（1）在抹好底层灰的檐口底面距外边阳角 20mm 处弹出滴水米厘条控制线；

（2）在线的里侧紧靠弹线用卡子卡上一道靠尺；

（3）把浸泡过的米厘条的小面抹上素水泥浆，紧贴靠尺边粘在底面上，并用素水泥浆把米厘条边抹上小八字灰；

（4）待小八字灰吸水后，把粘米厘条的靠尺向里平移 20mm，在米厘条里侧抹小八字灰；

（5）在檐口立面下部阳角处反粘八字靠尺，靠尺下边棱与米厘条表面相平或稍低于米厘条表面（图 8-2）。

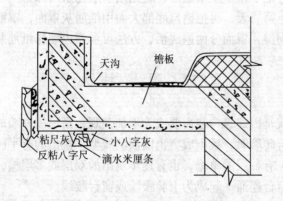

图 8-2 檐口粘米厘条、靠尺示意

3．抹面层灰

（1）在米厘条两侧与所粘靠尺和里侧所卡的靠尺中间部分先刮一道素水泥浆；

(2) 用 1:2.5 水泥砂浆抹平、压实。抹压过程中，要把米厘条表面和靠尺边上的砂浆刮干净，米厘条和靠尺的边棱抹压要清晰，使之起出米厘条和取掉靠尺后砂浆的棱角尖挺、清晰；

(3) 檐口上顶小平面抹面层灰时，在檐口外立面上部和内立面上部反粘八字靠尺，靠尺粘好后用 1:2.5 水泥砂浆抹平压光；

(4) 檐口外立面抹面层时，要依底檐的设计宽度，在顶面上正铺靠尺，在檐底上正托靠尺，用卡子卡住，再把上下原粘八字靠尺留下的小八字角削至与靠尺边相齐；

(5) 抹面层灰分两遍完成，第一遍要薄薄抹一层，第二遍抹至与上下靠尺相平，抹完后用小靠尺从一头向另一头错动着刮平，用木抹子搓平，钢板抹子压光，稍收水后再压一遍；

(6) 取下靠尺，把上顶靠尺向内平移调整好，用砖压牢，把内立面抹平；

(7) 压光后取掉靠尺，各条阳角用小靠尺和抹子修压一遍，再把表面通压一遍；

(8) 把下檐米厘条起出，缝隙用素水泥浆勾抹；

(9) 第二天，再把檐口底部大面用纸筋灰罩面，罩面前要适当浇水润湿，罩面分两遍成活，方法可参照内墙抹纸筋灰。

8.2 腰线抹灰

腰线是因建筑构造需要或为增加美观，沿房屋外墙的水平方向在砌筑砖墙时，挑砌成突出墙面的线型。挑出的有平砖，也有虎头砖，有一层的单檐，也有逐步挑出的双层或多层檐，还有与窗楣、窗台连通一起成为上脸腰线或窗台腰线。

一、基层处理

将基层清扫干净，洒水润湿；拉线检查腰线出墙尺寸是否一致，对突出的砖剔平；要求腰线棱角清晰，表面平整。

二、抹灰

用 1:3 水泥砂浆抹底层灰，1:2.5 水泥砂浆抹面。

1. 先在立面反粘八字靠尺把底面和顶面抹完；
2. 抹底面面层灰时要在底层灰上粘米厘条，做出滴水槽；
3. 顶面要做出里高外低的泛水坡度；
4. 在上下两面正贴八字靠尺，用卡子卡牢，拉线调正、调直后，抹立面底层灰和面层灰，并压光；
5. 拆除靠尺，修理棱角，通压一遍；
6. 如果是多道檐的腰线，要从上向下或从下向上逐道完成。

8.3 门窗套口抹灰

门窗套口有三种形式，一种是突出墙面与窗台、腰线相似，在门窗口的一周砌砖时挑砌出突出墙面60mm的线型。另一种是不出砖檐，抹灰时把侧膀和正面用水泥砂浆抹出套口。第三种是两侧及上脸不出檐，只有窗台出檐。

一、出檐套口抹灰

在同一层高的套口上拉线检查，使所有的套口在一条水平线上，且突出墙面的尺寸要一致，对突出的砖剔平。

抹灰的顺序为：先抹两侧立膀，再抹上脸，最后抹窗台。

抹灰时，先在正面反粘八字靠尺，将侧面或底面抹好，再平移靠尺把另一侧面或上面抹好，然后在抹好的两面上正卡八字靠尺，将正面抹好。上脸和窗台的底面要做出滴水，出檐的上脸顶面和窗台上面要做出泛水坡度，立边两侧膀的正面与侧边要呈90°角。

二、不出檐套口抹灰

先在阳角正面反粘八字靠尺将侧面抹好，上脸先抹底面，窗台先抹台面；然后正贴靠尺在里侧，抹正面一周灰条，灰条的外边棱角，可以通过先粘靠尺或先抹宽度与设计要求相同的灰条，后切割的方法完成。

8.4 遮阳板抹灰

遮阳板分为水平遮阳板和垂直遮阳板，又分为每个窗口一个的单个遮阳板和若干窗口相连的连通遮阳板；依工艺不同分为水泥砂浆遮阳板、水刷石遮阳板、干粘石遮阳板等。

遮阳板的施工操作：水平遮阳板与檐口、雨篷相似，垂直遮阳板与柱、垛相似，可参照上述做法操作。

一般水平遮阳板的上顶面为一个平面，没有檐口的天沟和雨篷的槽形，流水形式为自由排水，所以在抹顶面时要做出里高外低的泛水坡度。垂直遮阳板的正面往往不平行于墙面，而是单个遮阳板都有倾斜度的斜面，所以在施工中要拉线统一斜度、统一膀的端头长短。

8.5 阳台抹灰

阳台抹灰包括扶手、栏板、栏杆、阳台地面、台口梁、牛腿底面等。阳台抹灰又因用料不同分为水泥砂浆、干粘石、水刷石抹面等，常见的为一个阳台不同部位有不同的用料和做法。

一、基层处理

阳台各部位多为预制钢筋混凝土构件安装，各阳台的偏差比较大，所以要拉水平和垂直通线，把各部分水平方向和垂直方向及里出外进控制在一条直线上，高的要适当剔凿，低的要分层抹平，过光的基层要进行凿毛处理，并浇水湿润，进行刮糙或甩毛等结合层的施工。

二、做灰饼、找规矩

1. 做灰饼时，可以采用相同部位单独拉线，如一幢建筑一个立面上所有阳台的扶手统一拉线，而栏板又要统一拉线等；也可以只把最突出的部位统一拉线，其他部位以相同尺寸向里返的方法。

2. 抹扶手灰饼时，可以把建筑物一个立面看做是一面墙，而把两端最上和最下一层阳台的扶手视为左上、左下和右上、右下四个灰饼，用拉水平线和挂线坠的方法在扶手最外边分别做出四个灰饼，并使这四个灰饼在一个垂直平面上，完成按墙面做灰饼找规矩来理解，然后拉紧线做出中间阳台扶手的灰饼，再拉横线做出水平方向的阳台扶手灰饼（每个阳台两端各一个）。其他部位也可同理做出灰饼。

3. 抹侧面灰饼时，把侧面看做一面墙，把最上层边上阳台近阴角和近阳角的部位看做左上、右上两点，同理找出下边左下、右下两点，分别用挂线坠的方法抹出垂直方向的灰饼，做侧面灰饼最好以正面灰饼找方。

三、抹灰

1. 扶手抹灰

扶手抹灰的操作与檐口相似，先在立面反粘八字靠尺抹底面，再向上平移靠尺抹顶面，拆尺后分别在上下卡尺抹立面。

2. 栏板抹灰

栏板抹灰的方法与墙面相同，一般多为里外用料不同。外边多为水刷石或干粘石，如有分格条要上下顺直。

3. 台口梁抹灰

台口梁抹灰与檐口相似，下边要做出滴水，上面要向里流水。

4. 阳台地面抹灰

阳台地面抹灰与室内地面相同，但要有泛水坡度，水要流向排水管口，不得有积水或倒坡现象。地面与墙面的踢脚阴角要接缝严密不渗透。下部挑梁牛脚正面要方正，侧视底边斜度要一致。

要求同种类抹灰颜色一致、均匀，各阳台出墙尺寸一致，水平阳角在同一直线上，竖直阳角在同一垂直线上，外部阳角尖挺、清晰、顺直，内部阳角要用阳角抹子抹成小圆角，挃直、挃光。

8.6 雨篷抹灰

雨篷抹灰有水泥砂浆、水刷石、干粘石抹灰和面砖、石材饰面等。

一、基层处理

雨篷多为钢筋混凝土现浇或预制，抹灰前应把模板缝挤出的灰浆和过高处用錾子剔平，油污用10%火碱水洗刷后冲净。经润湿，在立面和底面用掺15%乳液的水泥乳液聚合物浆刮一道厚1mm的粘结层，随后用1:2.5水泥细砂浆刮抹2~3mm厚铁板糙，第二天浇水养护。

二、水泥砂浆雨篷

1. 抹底层灰

养护第二天用1:3水泥砂浆抹底层。抹底层灰时可依铁板糙的干湿度酌情浇水润湿。

雨篷底面抹底层灰前，要先抹顶面小地面，方法同水泥砂浆地面的操作，即：洒水扫浆，设标志点（要有泛水坡度，一般为2%，距落水口500mm处坡度为5%），大雨篷要设标筋，依标筋铺灰、刮平、搓平、压光。如果墙面是清水墙，要在雨篷上墙根部抹一道200~500mm水泥砂浆勒角，以防雨水淋湿下部砖砌体。

雨篷底面抹底层灰时，应先在正立面下部近阳角处反粘八字靠尺，再在侧立面下部近阳角处反粘八字靠尺，三面粘尺的下棱边要在一个平面上，不能扭翘，然后用1:3水泥砂浆抹底层，抹灰时要从立面靠尺边和靠墙一面门口上阴角开始，抹出四角的条筋，再抹中间的大面，方法同混凝土顶棚抹水泥砂浆，抹完用靠尺刮平，木抹子搓平。

雨篷立面抹底层灰的方法同檐口抹灰，先在正立面上部和里边立面上部用卡子反卡八字靠尺，抹上顶小平面，再翻尺抹正立面和里边立面，里边立面与地面的阴角要抹成圆弧形（图8-

3)，第二天浇水养护。

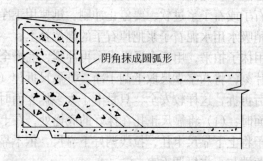

图8-3 雨篷内阴角

2. 抹面层灰

底层灰养护第二天进行面层抹灰。抹灰时，如果是水泥砂浆罩面，则应参照檐口面层的做法，在底面弹出滴水槽线，粘米厘条，然后粘尺抹底檐和上顶小平面，在上下面正卡八字靠尺抹立面，修理、压光，起出米厘条勾缝。第二天用纸筋灰把底面分两遍罩面压光。

三、水刷石雨篷

1. 抹底层灰

方法同水泥砂浆雨篷。

2. 抹水泥石子浆

（1）先将上顶小平面和里边立面用水泥砂浆抹平压光；

（2）将底面弹上滴水槽线，粘米厘条，在米厘条里侧按设计尺寸卡上方靠尺，在正面阳角处用水泥石子浆反粘八字靠尺，而后刮一层素水泥浆；

（3）用水泥石子浆把底檐抹平，一般水泥石子浆抹得应高出靠尺和米厘条1mm，经抹压带浆后与靠尺和米厘条相平；

（4）吸水后（手按上去印迹不明显，但还没有达到初凝时），用刷子蘸水将表面灰浆带掉，石子露出均匀时用刷子向上甩清水,用另一干净刷子将甩上去的水蘸掉,这两道工序衔接要紧,不可使甩上的水在底檐留滞时间过长,以免掉石子。如果冲刷过程中有掉石子或石子浆过软,要停止冲刷,迅速用干净刷子将浮水蘸掉,稍吸水用水泥石子浆把掉石子的部位补上;

(5) 用抹子拍平,用干水泥吸水,再冲刷,底檐全部冲干净后,稍晾片刻,将八字靠尺取下刮干净,方靠尺拆掉(也可以全部冲刷完后再拆,这样较安全,只是卡子太多抹立面时不方便)。

抹立面时:(1) 将靠尺正托在抹好的底檐处,在上顶平铺靠尺,用卡子将上下靠尺卡住,拉线调好下靠尺,依下靠尺用线坠将上靠尺两端与下靠尺调垂直;

(2) 拉线以两端为准将上靠尺调直,补卡子把靠尺卡牢。如果下阳角反粘八字靠尺形成的小八字灰突出靠尺较多,要用抹子贴靠尺从上向下削掉;如果小八字灰突出靠尺2~3mm,可用刷子蘸水将小八字灰润湿,用抹子压至与靠尺边相平;

(3) 抹灰时,要先将上下近靠尺处满抹水泥石子浆压实,上边要向上走抹子,下边要从上向下走抹子,尽量使边角处石子饱满;中间大面抹完后要用小靠尺刮一下,用抹子拍压一遍;水泥石子浆抹得应高出上下靠尺1~2mm。

(4) 如水刷石墙裙涂抹修理方法,经多次带浆压实后与靠尺相平;

(5) 稍晾后,适时后进行冲刷,方法可参照水刷石墙裙。清刷后,稍落水取掉上下靠尺,将下檐流下的浊水用刷子甩清水,干净刷子蘸水洗干净,起出米厘条勾缝;

(6) 上部顶面与立面灰层的交接缝,用素水泥浆勾抹,刷子带严。也可以在抹底檐时,不先用砂浆封顶,而是同时用水泥石子浆封顶,封顶时应在立面反粘八字靠尺,使上阳角立面也形成小八字边,这样在抹完立面后,上顶部不产生接缝,只是上顶面不必冲出石子,压光面即可。

四、干粘石雨篷

干粘石雨篷施工程序同水刷石,方法可参照干粘石墙面。顺序是：先抹底层灰，将上顶面和里边立面用水泥砂浆压光，抹底檐，翻尺抹立面，然后起米厘条勾缝，上部掩缝。

五、面砖雨篷

1. 抹底层灰

方法同水泥砂浆雨篷。

2. 粘贴面砖

抹底层灰后，要依据面砖的尺寸和要求缝隙大小排砖，最好没有半砖，并弹出若干条粘贴面砖的控制线，一般立面要盖住底面。

粘贴面砖时，可以先粘贴底檐，也可以先粘贴立面，下檐要留出滴水槽，粘贴的方法同外墙面砖，一般采用聚合物灰浆作粘结层；立面粘贴后待达到一定强度，以立面上边留出的灰口，将上顶小平面抹平压住立面砖，使之粘贴牢固，然后勾缝，擦干净。

9 花饰制作安装

花饰的种类很多，室外常用的花饰有水泥砂浆制品、剁斧石制品、水刷石制品；室内常用的花饰有石膏制品等。

9.1 花饰制作

花饰的制作分为制作阳模、浇制阴模和铸造花饰三个工序。

一、制作阳模

塑制实样是花饰预制的关键。塑制实样前，要仔细审阅图纸，领会花饰图案的细节。塑制实样用的材料有木、石膏、纸筋灰和泥土等。

1. 木材雕刻实样

适用于精细、对称、体型小、线条多而复杂的花饰图案，但成本较高，制作难度大，而且工期也长，一般不采用。

2. 石膏塑实样

按花饰外围尺寸浇筑一块石膏板，待凝固后，将花饰图案用复写纸画在石膏板上，并照图案雕刻成花饰阳模。花纹复杂或花饰厚度大于50mm，且纸筋灰不易堆塑时，常用这种方法。

当花饰对称时，可用上述方法雕刻对称的一部分，另一部分用明胶模翻制后，再用石膏浆把两部分胶合成一块花饰，稍加修整，即成石膏塑实样。

3. 泥塑实样

适用于大型花饰。泥土应选用没有砂子的粘性土，较柔软、光滑的黄土和褐色土，能满足性质要求的陶土及瓷土。

堆塑用泥的含水率要极低，只要能粘结在一起不散开的情况下，含水率越低越好。搅拌大泥要经过"遛泥"的过程，即将和好的含水量较低、比较散、比较硬的生泥，在一块光滑平整的石板上摔打。遛泥可以抓起后用力摔下，再抓起，再摔下；也可用木棒敲打；直到将拌合的"生"泥遛"熟"，即含水量小而较柔韧。

堆塑时，先将花纹图案用白脱纸复刻在泥底板（或木底板）上，根据花纹的粗细、高低、长短、曲直，把大泥捏成泥条、泥块、泥团堆塑在底板上，其厚度以不超过花饰剖面的6/10为宜，再用手将小块泥慢慢添厚加宽，完成花饰的基本轮廓，最后用小铁皮添削修饰制成阳模。由于泥塑制品的表面不够光滑平洁，只能作为石膏花饰草型阳模。从泥塑的草型阳模浇制明胶阴模，再从明胶阴模翻成石膏草型阳模，并要雕刻、修光，才能成为合格的阳模。

4. 纸筋灰塑制实样

先用一块表面平整光洁的木板做底板，在底板上抹一层厚约1~2mm的石灰膏，待其稍干，将饰面的图样刻划到板面石膏层上，再用稠纸筋灰按花饰的轮廓一层层堆起，用小铁皮雕塑成符合要求的阳模，待纸筋灰稍干，用毛笔蘸水顺花纹延伸姿势轻刷一遍，使之表面光滑。阳模制成后到制模时间的间隔不应超过3d，否则会因过分干燥而发生收缩裂纹，造成变形。

由于纸筋灰的收缩性较大，在塑实样时要按2%的比例放大尺寸。

二、浇制阴模

浇制阴模有两种方法。一种是硬模，适用于塑造水泥砂浆、水刷石、剁斧石等花饰；另一种是软模，适用于塑造石膏花饰。

花饰花纹复杂和过大时要分块制作，一般每块边长不超过500mm，边长超过300mm时，模内需加钢筋网或8号铁丝网。

1. 软模

软模的材料选用明胶，明胶的配合比为：明胶:水:工业甘油=1:1:1/8。配制明胶时，先将明胶按配合比放在特制的胶锅内

(外层盛水，内层盛胶)隔水加热至30℃，明胶开始溶化；温度达到70℃时停止加热，并将其调拌均匀，待稍凉后即可灌注。

将阳模固定在木底板上，在表面刷上3道虫胶清漆（泡立水），每涂刷一次，必须待前一次干燥后才能进行。刷虫胶清漆的目的是为了密封阳模表面，使阳模内的残余水分不致因浇制明胶时受热蒸发而使阴模表面产生细小气孔。待3道虫胶清漆刷完干燥后，再刷一道油脂或掺煤油的黄油调合油料或植物油。然后在周围放挡胶边框，其高度一般较阳模最高面高出30mm左右，再将挡胶板刷一道油脂，即可浇制明胶阴模。

浇模时，应使胶水从花饰边缘徐徐倒入，不能猛然急冲灌下，一般1m^{2}在15min内浇完效果最好。浇模要一次完成，中间不应有接头，浇同一模子的胶水稠度应一致。阴模浇的太厚，使翻模不便，一般约在该花饰的最高花面上5~20mm为宜。浇注后约8~12h，拆除挡胶板，取出实样。如果花饰有弯沟或口小内大等情况无法翻模时，可把胶模适当切开。在铸造花饰时，把切开的合并起来加外套固定，即可使用。

浇制阴模时，新旧明胶或不同性质的胶不能掺混，否则使胶模脆软长毛，炖胶与浇胶要切实做到清洁，无杂物混入胶内，否则会引起变性、变软、霉坏、长毛。炖化明胶加水，要正确掌握配合比，否则会使阴模变软变形。

2. 硬模

实样硬化后，涂一层起隔离作用的稀机油或凡士林油，接着抹5mm厚素水泥浆，待稍干收水后埋置8号铁丝加固，并放好套模的边框、把手，用1:2水泥砂浆或细石混凝土灌注，使之成为整体大阴模，又称套模。一般模子的厚度要考虑硬模的刚度，最薄处要比花饰的最高点高出20mm。

阴模浇灌后养护3~5d倒出实样，将阴模花纹用素水泥浆修整清楚，并将表面研磨光滑，然后刷3道虫胶清漆。

阴模浇制成后，进行试翻花饰，检查阴模是否有障碍、尺寸形状是否符合图纸的设计要求，试翻无误，才能正式进行翻制。

三、浇制花饰

用软模浇制花饰时，每次浇筑前，在模子上撒滑石粉或涂其他无色隔离剂。每只明胶阴模连续浇注5块花饰后，应停止使用30min左右，每次用后用明矾水清洗。

用硬模浇制花饰时，每次浇注前，在模子内涂刷一道植物油，一般多用豆油，要刷均匀，不能漏刷，也不要刷得太多，不要有积油处。

花饰的浇制按材料不同，分为以下几种：

1. 水泥砂浆花饰

将配好的钢筋放入硬模内，再将1:2干硬性水泥砂浆或1:1水泥石子浆倒入硬模内进行捣固，待花饰干硬至用手按稍有指纹但又不下陷时，即可脱模。

脱模时将花饰底面刮平并划毛，翻倒在平整处，检查花纹并进行修整，再用排笔轻刷，使表面颜色均匀一致。

2. 水刷石花饰

水刷石花饰用1:1.5水泥石子浆倒入硬模内进行捣固。水泥石子浆稠度宜为5~6cm，石子应颜色一致，颗粒均匀且干净。浇制时，可将石子浆放在托板上用铁皮先行抹平，再将石子浆的抹平面向阴模内壁覆下，然后用铁皮按花纹结构形状往返抹压几遍，并用木锤敲击底板，使石子浆内含气体泡泄下去，密实地填满在模型凹纹内。

石子浆的厚度在10~12mm为宜，但不得小于8mm。花饰厚度大的饰件，再用1:3水泥砂浆做填充料；花饰厚度不大的饰件，可全用石子浆浇制。

为利于快速脱模，可用干水泥作吸水材料，将干水泥撒到饰件背面上吸水，已吸湿的干水泥刮去，用铁抹子均匀压几遍，再撒干水泥继续吸水，直至使石子浆成干硬状，用手按不下陷、无泛水时，刮去湿水泥再压一遍，然后用铁皮将底面划毛，即可脱模。

花饰脱模后，其表面用手按无下凹时，可用刷子将表面水泥浆刷掉，再用喷浆器喷洗表面水泥浆。清洗后的花饰，应符合设计图样，清晰一致，整齐平直，无裂缝及残缺情况。

3. 斩假石（剁斧石）花饰

斩假石花饰的浇制方法与水刷石花饰相同。浇制后养护 3~7d，待有足够强度，进行面层剁斧。根据制品的构造和应用部位不同，剁斧方法可分为两种：

一种方法是将斩假石花饰分块造型，这种方法比较简单，但饰件数量比较多，可采用先安装后剁斧，以避免安装后增加大量的修补和清洗工作。

另一种方法是采用先剁斧再安装，这种方法造型特别细致，艺术性要求较高。预剁时必须用麻袋、破布等软物垫平饰件，并用金刚石将饰件表面的周围边棱磨成小圆角，可避免饰件受剁时因振动冲击而破裂和棱角受软剁而发生崩落。

对于剁斧的花饰，要随花纹的形状和延伸方向琢凿成不同的刃纹，在花饰周围的平面上剁成垂直纹，四边应剁成横平竖直的边圈，经过这样不同刃纹的处理，才能使刃纹细致清晰，底板与花纹清楚醒目。

4. 石膏花饰

将软模放在一块稍大的木板上，表面涂刷隔离剂，不得有漏刷或油脂过厚现象，不能有积油处。而后用容器按 1:0.6~0.8（石膏粉:水）比例拌合石膏浆，随即倒入阴模中，达到 3/5 用量时，将水板轻轻振动，使花饰细密处的石膏浆密实，然后按花饰外形大小和厚度情况，埋麻丝或木板条、竹片作骨架，以增加花饰强度，再继续浇灌石膏浆至模口相平，用直尺刮平并划毛，这一操作过程要迅速，埋设的麻丝、木板条、竹片要洁净、无杂物、无弯曲，并经水浸湿处理。

石膏浆浇灌后的脱模时间，应根据凝结、干硬的快慢和花饰的大小、厚薄决定，一般约在浇灌后 5~15min 左右，用手摸上去感到略有热度，即可脱模。脱模后的花饰应平放在木底板上，如有麻眼、花纹不整齐或不清晰，必须用工具修嵌或用石膏浆修补整齐，使花饰清晰、光洁、完整。

凡是采用木螺丝或螺栓固定安装的花饰，在浇制时，必须按设计预留孔洞或预埋垫圈。

9.2 花饰安装

花饰安装根据花饰的品种、重量、大小分为粘贴法、木螺丝固定法和螺栓固定法。

1. 粘贴法

适用于小型花饰、重量轻的花饰。

花饰安装部位的基层表面应处理清洁平整，无灰尘、杂物及凹凸不平现象，并按照设计在粘贴位置上弹出控制线。

水泥砂浆花饰、水刷石花饰、剁斧石花饰安装时，先将安装花饰的基层部位浇水湿润，刮一层2~3mm厚水泥浆，再将花饰背面稍浸水湿润，然后涂水泥砂浆与基层贴紧，用支撑临时固定，清除花饰周围的余浆，整修接缝，待水泥浆达到强度后，拆除临时支撑。

石膏花饰安装时，在花饰背面抹3~5mm厚石膏浆，粘贴在设计要求的部位上，用手揉平、揉实，再用支撑固定，清除花饰周边挤出的石膏浆，待石膏浆凝固后，拆除支撑。

2. 木螺丝固定法

适用于重量较重、体型稍大的花饰。

花饰安装部位的基层表面应处理清洁平整，并按设计在安装位置上弹出控制线，预埋木砖。

花饰安装时，先将安装花饰的基层部位浇水湿润，抹水泥浆或石膏浆，再将花饰背面稍浸水湿润，然后将花饰上预留的孔洞对准基层上预埋的木砖粘贴上，用支撑固定，拧紧螺丝。待水泥浆或石膏浆凝固后，拆除固定支撑，将花饰周边的水泥浆或石膏浆清理干净。

水泥砂浆花饰、水刷石花饰、剁斧石花饰用1:1水泥砂浆或水泥浆把孔眼堵严,表面用与花饰同样的材料修补。石膏花饰用白水泥拌植物油堵严孔眼,表面用石膏浆修补。

3. 螺栓固定法

适用于重量大的大型花饰。

花饰安装部位的基层表面应处理清洁平整,并按设计在安装位置上弹出控制线,预埋铁件。

花饰安装时,将基层浇水湿润,在基层表面及花饰底面抹水泥砂浆,对准位置将花饰上预留的孔洞套进螺栓,并粘到基体上,用临时支撑固定,在螺栓上套螺帽并拧紧。待水泥砂浆有足够强度后,拆除支撑,清理花饰周边的余浆。螺帽处用水泥砂浆填嵌密实。

9.3 花饰制作与安装质量要求

1. 花饰制作与安装所使用材料的质量、规格应符合设计要求。
2. 花饰的造型、尺寸应符合设计要求。
3. 花饰的安装位置和固定方法必须符合设计要求,安装必须牢固。
4. 花饰表面应洁净,接缝应严密吻合,不得有歪斜、裂缝、翘曲及损坏。
5. 花饰安装的允许偏差应符合表9-1的规定。

花饰安装的允许偏差　　　　　　表9-1

项目		允许偏差(mm)		检验方法
		室内	室外	
条型花饰的水平度或垂直度	每米	1	2	拉线和用1m垂直检测尺检查
	全长	3	6	
单独花饰中心位置偏移		10	15	拉线和用钢直尺检查

10 机械喷涂抹灰

机械喷涂抹灰是把搅拌好的砂浆,经振动筛后倾入灰浆输送泵,通过管道,再依靠空气压缩机的压力,把灰浆连续均匀地喷涂于墙面和顶棚上,再经过搓平压实,完成抹灰工程。

机械喷涂抹灰适用于水泥砂浆、水泥混合砂浆和石灰砂浆。

10.1 施工准备

一、已完工程防护

1. 喷涂前的防护措施

为防止喷涂抹灰过程中污染和损坏已完工的工程,应采用材料遮挡、覆盖。各种防护措施如下:

(1) 钢木门窗框应采取遮挡,防止喷粘砂浆。铝合金、塑料、彩色镀锌钢板门窗应粘贴塑料胶纸防护。

(2) 给排水、采暖、煤气等各种管道,应使用塑料布包裹遮护;密集的管道宜在喷涂抹灰后安装。

(3) 暗装的消防箱、电气开关箱和接、拉线盒、就位的设备等应采取遮盖防护。

(4) 各种管道、线管应保持通畅,敞口处应临时封闭,防止进入砂浆。

(5) 已安装的不锈钢、钢质扶手栏杆、塑料扶手栏板、高级木扶手等,应采用塑料纸或塑料包裹保护,防止粘污。

(6) 在已做好的楼地面、屋面防水层上铺设输浆管时,为防止接头铁件损坏楼地面面层或屋面防水层,应在接头铁件下方铺垫木板或厚橡胶垫。顶棚、墙面喷涂施工前,已做好的楼地面应用塑料布等材料遮盖。水泥砂浆地面强度不高时，不宜用砂遮盖。不得使用铁器工具冲撞楼地面。清除落地灰时，应防止损坏楼地面面层。

（7）喷涂找平层砂浆时，雨水口处应先做好防护，以免砂浆堵塞雨水管道。

（8）地漏及预留孔应预先封闭，防止进入砂浆，并做出标志。

（9）楼地面、墙面、顶棚设有变形缝时，喷涂前应用木板等材料做好变形缝的遮挡，防止砂浆喷入变形缝内。

2．喷涂中的保护措施

（1）输浆管布设和移动时，应对墙面、柱面和门窗口等阳角处抹灰加以保护，防止损坏。

（2）采暖、冷热水管和其他管道穿墙和过楼板的套管位置应符合设计要求，并防止砂浆堵管。

（3）已安装的非金属管道、承插管道、悬吊式管道和楼地面铺设的暗线管道，不得碰撞、移位和损坏。

（4）明装设备的预埋件位置，喷涂时应留有明显标志，以利后道工序施工。

（5）在松散保温层上喷涂时，为保证保温层厚度一致，输浆管下应垫木垫板，避免输浆管在保温层上拉动。

（6）防水层上做抹灰保护层时，应防止输浆管接头铁件划破防水层。

（7）排气管不得碰撞，其出口处应临时封闭，以免砂浆堵塞。

二、劳动组合

机械喷涂抹灰的劳动组织配备和技工、普工的比例应根据生产过程而定，一般组合可见表10-1。

三、基层处理

基体表面的灰尘、污垢、油渍等应清除干净；所有预埋件、门窗及各种管道安装应准确无误；已经完成踢脚板、墙裙、窗台板、柱和门窗口阳角的护角、混凝土过梁的底层灰；有分格条的装好分格条；不同材料的结构相接处，应铺钉金属网，并绷紧牢固，金属网与各基面的搭接宽度不应小于100mm；门窗框与墙边缝隙应用密封材料分批嵌塞密实。

根据墙面平整度，设置标筋。层高3m以下，设2道横向标筋，筋距2m左右；层高3m及以上，设3道横向标筋，也可设竖向标筋，筋距1.2~1.5m，筋宽30~50mm。

机械喷涂抹灰劳动组织参考表　　　　表10–1

分　组	工　作　内　容	人　数
后台备料组	负责筛砂子，后台运料，掌握配合比等	4~6
准备组	负责做灰饼，冲筋找规矩，抹门窗护角、水泥墙裙、踢脚板等	8
喷灰组	负责喷底层灰、托大板及刮杠找平	8，其中机械工2人
搓平组	负责将底层灰用木抹子搓平及修补等	6
清理组	负责清理落地灰及喷溅到门窗、管道上的砂浆	2
罩面组	负责喷灰后及时抹罩面灰	15
机械组	负责整体机械的操作	2
合　计		45~47

四、机具安装

机具设备的布置应根据施工总平面图合理确定，尽量缩短原材料和砂浆的输送距离，减少设备的移动次数。

砂浆搅拌机与振动筛应安装牢固，操作方便，上料与出料通畅。

灰浆联合机应置于坚实平整的水泥地面上，车轮应楔牢，安放应平稳。机器应安装在砂浆搅拌机和振动筛的下部，其进料口应置于砂浆搅拌机卸料口下方，互相衔接。卸料高度宜为350~400mm。

输浆管的布置与安装应平顺理直，不得折弯、盘绕和受压。

输浆管的连接应采用自锁快速接头锁紧扣牢,锁紧杆用铁丝绑紧。管的连接应密封,不得漏浆滴水。输浆管布管时,应有利于平行交叉流水作业,减少施工过程中管道的拆卸次数。

水平输浆管距离过长时,管道铺设宜有一定的上仰坡度。垂直输浆管必须牢固地固定在墙上或脚手架上。水平输浆管与垂直输浆管之间的连接应不小于90°,弯管半径不得小于1.2m。

输气管与喷枪的连接位置应正确、密封、不漏气。

五、砂浆制备

1. 砂浆配合比

喷涂抹灰砂浆的配合比应符合设计要求。当设计无要求时,可按表10-2选用,其用量偏差不得超过5%。

喷涂抹灰砂浆配合比(体积比) 表10-2

结构名称	材料名称	水泥	石灰膏	砂	粉煤灰	稠度(cm)
顶棚		1.0	1.0	6.0	—	8~10
		1.0	1.0	6.0	0.5	
地面		1.0	1.0	4.0	2.0	8~9
		1.0	1.0	7.0	1.0	
		1.0	—	3.0	—	
墙面	外墙	1.0	—	2.5	—	9~10
		1.0	0.1	3.0	0.2	
		1.0	—	3.0	—	
		1.0	0.25	3.0	—	
		1.0	1.0	4.0	—	
		1.0	0.25	2.5	—	
	内墙	—	1.0	3.0	0.5	10~12
		—	1.0	3.0	1.0	

注:1. 由于地区温度、湿度不同,用水量有较大差别,故省略未列。
　　2. 采用其他砂浆添加剂应根据地区条件、作业对象,经试验确定。

砂浆稠度应满足可泵性和技术操作的要求，一般为 8～12cm。当用于混凝土和混凝土砌块基面时，砂浆稠度宜为 9～10cm。当用于粘土砖墙面时，砂浆稠度宜为 10～11cm。当用于粉煤灰砖墙时，砂浆稠度宜为 11～12cm。

2. 砂浆搅拌

砂浆搅拌应按照配合比和稠度要求，严格计量，宜一次投料。在搅拌过程中不得再随意增加投料。

砂浆搅拌应选用强制式搅拌机，搅拌时间不应少于 2min。

搅拌好的砂浆应进行过筛，并立即转入输送料斗内进行泵送。

10.2 喷涂工艺

一、泵送

1. 试车

泵送前应进行空载试运转，并检查电机旋转方向，各工作系统与安全装置，正常后才能进行泵送作业。

2. 管道润滑

泵送时，先压入清水湿润，再压入适宜稠度的纯净石灰膏或水泥浆进行管道润滑；润滑膏压到工作面后，即可输送砂浆。

3. 泵送砂浆

泵送砂浆时，料斗内的砂浆量应不低于料斗深度的 1/3，否则应停止泵送，以防止空气进入泵送系统内造成气阻。

泵送砂浆应连续进行，避免中途停歇。当必须停歇时，每次间歇时间：石灰砂浆不宜超过 30min；混合砂浆不应超过 20min；水泥砂浆不应超过 10min。若间歇时间超过上述规定时，应每隔 4～5min 开动一次灰浆泵（或灰浆联合机搅拌器），使砂浆处于正常调合状态，防止沉淀堵管。因停电、机械故障等原因，不能按上述停歇时间内启动时，应及时用人工将管道和泵体内的砂浆清理干净。

当向高层建筑泵送砂浆，泵送能力不能满足建筑总高度要求时，应配备接力泵进行泵送。

4. 清洗机械

泵送结束，应及时清洗灰浆泵（或灰浆联合机）、输浆管道和喷枪。输浆管道可采用压入清水→海绵球→清水→海绵球的顺序清洗。也可压入少量石灰膏，塞入海绵球，再压入清水冲洗。喷枪清洗可用压缩空气吹洗喷头内残余砂浆。

二、喷涂

1. 喷涂流程

（1）根据喷涂部位、材料，确定喷涂顺序和路线，一般可按先顶棚后墙面，先室内后过道、楼梯间进行喷涂。

（2）顶棚喷涂宜先在周边喷涂出一个边框，再按"s"形路线由内向外巡回喷涂，最后从门口退出。当顶棚过大时，应分段进行，每段喷涂宽度不宜大于 2.5m。

（3）室内墙面喷涂宜从门口一侧开始，另一侧退出。同一房间喷涂，当墙体材料不同时，应先喷涂吸水性小的墙面，后喷涂吸水性大的墙面。

（4）室外墙面喷涂应由上而下按"s"形路线巡回喷涂。底层灰应分段进行，每段宽度为 1.5~2.0m，高度为 1.2~1.8m。面层灰应按分格条进行分块，每块内的喷涂应一次完成。

（5）喷涂厚度一次不宜超过 8mm。当超过时应分遍进行，一般底层灰喷涂 2 遍，第一遍根据抹灰厚度将基层面喷平整或喷拉毛灰，第二遍待第一遍灰凝结后再喷，并应略高于标筋。

2. 喷涂操作

喷涂时，喷射压力应适当，喷嘴的正常工作压力宜控制在 1.5~2.0MPa 之间。

持喷枪姿势应正确，一般侧身而立，身体右侧近墙，右手在前握住喷枪，左手在后握住胶管，两腿叉开，左右往复喷涂。喷嘴与基面的距离、角度和气量应根据基体材料和喷涂部位按表 10-3 选用。

喷涂距离、角度和气量 表10-3

喷涂部位	距离（cm）	角 度	气 量
吸水性强的干燥墙面	10~35	90°	
吸水性弱的潮湿墙面	15~45	65°	
顶　　棚	15~30	60°~70°	气量应调小些
踢脚板以上部位	10~30	喷嘴上仰30°左右	
门窗口相接墙面	10~30	喷嘴偏向墙面30°~40°	
地　　面	30	90°	

注：由于喷涂机械不同，其性能差异较大，因此喷涂距离取值面较宽，应根据具体机械选择表中合适距离；一般机械的压力大，则距离墙亦应增大。

喷涂从一个房间向另一个房间转移时，应关闭气管。

面层灰喷涂前20~40min，应将前一遍灰湿水；待表面晾干至无明水时再喷涂。

屋面、地面松散填充料上喷涂找平层时，应连续喷涂多遍，每遍喷涂量宜少，以保证填充层厚度均匀一致。

喷涂砂浆时，对已保护的成品应注意勿污染，对喷溅粘附的砂浆应及时清理干净。

3. 抹平压光

喷涂后应及时用托灰大板沿标筋从上向下反复去高补低。喷灰量不足时，应及时补平。

适时再用刮杠紧贴标筋上下左右刮平，将多余的砂浆刮掉，并搓揉压实，保证墙面平整。

最后用木抹子将墙面搓平与修补。当需要压光时，面层灰刮平后，用铁抹子将其压实压光。面层灰应随喷随刮随压，各工序密切配合。

喷涂过程中的落地灰应及时清理回收。

10.3 常见故障及排除方法

一、输浆管堵塞

1. 发生原因

(1) 砂浆稠度不合适或砂浆搅拌不匀。
(2) 泵机停歇时间长。
(3) 输浆管内有残留砂浆凝结物块。
(4) 没有用石灰膏润滑管道。

2. 排除方法

(1) 砂浆按配合比要求，稠度合适，搅拌均匀；必要时可加入适量的添加剂。
(2) 泵机停歇时间应符合规定。
(3) 打开回流卸载阀，吸回管内砂浆，清洗管道。
(4) 泵浆前必须先加入石灰膏润滑管道。

二、泵吸不上砂浆或出浆不足

1. 发生原因

(1) 吸浆管道密封失效。
(2) 阀球变形、撕裂及严重磨损。
(3) 阀室内有砂浆凝结块，阀座与阀球密封不良。
(4) 离合器打滑。
(5) 料斗料用完。

2. 排除方法

(1) 拆检吸浆管，更换密封件。
(2) 打开回流卸载阀，卸下泵头，换阀球。
(3) 拆下泵头，清洗阀室，调整阀座与阀球间的密封。
(4) 调整离合器摩擦片的间隙，摩擦片过度磨损咬伤，应及时更换。
(5) 打开回流卸载阀，加满料后，关闭回流卸载阀，泵送。

三、泵体有异常撞击声

1. 发生原因

弹簧断裂或活塞脱落。

2. 排除方法

打开回流卸载阀,卸压后,拆下泵头,检查弹簧和活塞,损坏的要更换。

四、活塞漏浆

1. 发生原因

缸筒或密封皮碗损坏。

2. 排除方法

打开回流卸载阀,卸压后,拆下泵头,检查缸筒和密封皮碗,损坏的要更换。

五、搅拌轴转速下降或停止转动

1. 发生原因

(1) 搅拌叶片被异物卡住;砂浆过稠,量过多。

(2) 传动皮带打滑、松弛。

2. 排除方法

(1) 砂浆应作过筛处理;砂浆稠度适当,加料量不超载。

(2) 调节收紧皮带,不松弛。

六、振动筛不振

1. 发生原因

振动杆头与筛侧壁振动手柄位置不适当。

2. 排除方法

调整振动手柄位置。

七、压力表突然上升或下降

1. 发生原因

(1) 表压上升:输浆管道堵塞。

(2) 表压下降:①离合器打滑。②输浆管连接松脱,密封失效,泄漏严重或胶管损坏。

2. 排除方法

(1) 停机，打开回流卸载阀，按输浆管道堵塞的排除方法处理。

(2) 检查离合器摩擦片，磨损更换。检查输浆管道密封圈，拧紧松脱接，损坏的要更换。

八、喷枪无力

1. 发生原因

(1) 气管、气嘴管堵塞。

(2) 泵送超载安全阀打开。

2. 排除方法

(1) 清理疏通；气管距离超过 40m 长，双气阀压力提高 0.03～0.05MPa。

(2) 超载安全阀打开，按输浆管道堵塞排除方法处理。

九、气嘴喷气，喷枪突然停止喷浆

1. 发生原因

料斗料用完。

2. 排除方法

按泵吸不上砂浆或出浆不足 10.3 节二中（5）的方法处理。

十、喷枪喷浆断断续续不平稳

1. 发生原因

泵体阀球或阀座磨损。

2. 排除方法

拆下泵头，检查阀球和阀座，损坏的要更换。

10.4 机械喷涂抹灰质量要求

喷涂抹灰的质量应达到以下要求：

1. 抹灰层与基层之间及各抹灰层之间必须粘结牢固，无脱层、空鼓。

2. 抹灰层的总厚度应符合设计要求。

3. 分格缝设置应符合设计要求，宽度和深度均匀，棱角整齐；护角、孔洞、槽、盒周围抹灰表面应平整、光滑。

4. 普通抹灰表面应光滑、洁净、接槎平整，分格缝清晰。
5. 高级抹灰表面应光滑、洁净、无抹纹，分格缝清晰美观。
6. 喷涂抹灰工程质量的允许偏差应符合表10-4的规定。

喷涂抹灰的允许偏差　　　　　　表10-4

项　目	允许偏差（mm）		检验方法
	普通抹灰	高级抹灰	
立面垂直度	4	3	用2m垂直检测尺检查
表面平整度	4	3	用2m靠尺和塞尺检查
阴阳角方正	4	3	用直角检测尺检查
分格条（缝）直线度	4	3	拉5m线，不足5m拉通线，用钢直尺检查
墙裙、勒脚上口直线度	4	3	

11 季节施工与安全防护

11.1 冬期施工

一、施工方法

抹灰工程和饰面工程的冬期施工，有热作法和冷作法两种施工方法。

热作法是利用房屋的永久热源或临时热源来提高和保持操作的环境温度，使抹灰砂浆硬化和固结，适用于室内的抹灰和饰面工程。

冷作法是在抹灰用水泥砂浆或混合砂浆中掺加化学附加剂，以降低抹灰砂浆的冰点。一般适用于室外的抹灰和饰面工程。

二、施工条件

1. 用冻结法砌筑的墙，室外抹灰应待其完全解冻后施工；室内抹灰应待抹灰的一面解冻深度不小于墙厚的一半时，方可施工。不得采用热水冲刷冻结的墙面或用热水清除墙面的冰霜。

2. 安排室内抹灰以前，宜先做好屋面防水层及室内封闭保温。

3. 冬期室内装饰施工可采用建筑物正式热源、临时性管道或火炉、电气取暖。若采用火炉取暖时，应采取预防煤气中毒的措施，防止烟气污染，并应在火炉上方吊挂铁板，使煤火热度分散。

4. 冬期室外装饰工程施工前，宜随外架子搭设，在西、北面加设挡风措施。

5. 外墙面的饰面板、饰面砖以及马赛克施工，不宜在严寒季节进行,当需要安排施工时,宜采用暖棚法施工。

三、抹灰工程

1. 在进行室内抹灰前,应将门口和窗口封好,门窗口的边缘及外墙脚手眼或孔洞等亦应堵好,施工洞口、运料口及楼梯间等应封闭保温;北面房间距地面以上 500mm 处最低温度不应低于 5℃。

2. 砂浆应在搅拌棚中集中搅拌,并应在运输中保温,要随用随拌,防止砂浆冻结。室内砂浆抹灰的环境温度不应低于 5℃。

3. 室内抹灰工程结束后,在 7d 以内的养护期,应保持室内温度不低于 5℃。抹灰层可采取加温措施加速干燥。当采用热空气加温时,应注意通风,排除湿气。

水泥砂浆层应在潮湿的条件下养护,并应通风换气。

4. 室外抹灰采用冷作法施工时,使用水泥浆或水泥混合砂浆,可掺入 $CaCl_2$、$NaCl$、$NaNO_2$ 等防冻剂。

5. 含氯盐的防冻剂不得用于高压电源部位和有油漆墙面的水泥砂浆基层内。

6. 氯盐防冻剂可掺入硅酸盐水泥、普通硅酸盐水泥、矿渣硅酸盐水泥拌合的砂浆中,但不得掺入高铝水泥砂浆内。砂浆内氯化钠掺量应符合表 11-1 的规定。

砂浆内氯化钠掺量(占用水重量的%) 表 11-1

项 目	室外气温(℃)	
	0~-5	-5~-10
挑檐、阳台、雨篷、墙面抹水泥砂浆	4	4~8
墙面抹水刷石、干粘石水泥砂浆	5	5~10

当采用亚硝酸钠外加剂时,砂浆内亚硝酸钠掺量应符合表 11-2 的规定。

砂浆内亚硝酸钠掺量（占水泥重量的%） 表11-2

室外气温（℃）	0~-3	-4~-9	-10~-15	-16~-20
掺 量	1	3	5	8

防冻剂应由专人配制和使用，配制时可先配20%浓度的标准溶液，然后根据气温再配制成使用浓度溶液。

7. 室外墙面抹灰后要进行涂料施工时，抹灰砂浆内所掺的防冻剂品种，应与所选用的涂料材质相匹配，其掺量和使用效果应通过试验确定。

8. 抹灰基层表面有冰、霜、雪时，可采用与抹灰砂浆同浓度的防冻剂溶液冲刷，并应清除表面的尘土。

9. 当施工要求分层抹灰时，底层灰不得受冻。抹灰砂浆在硬化初期应采取防止受冻的保温措施。

四、饰面工程

1. 冬期室内饰面工程施工可采用热空气或带烟囱的火炉取暖，并应设有通风、排湿装置。室外饰面工程宜采用暖棚法施工，棚内温度不应低于5℃，并按常温施工方法操作。

2. 饰面板就位固定后，用1:2.5水泥砂浆灌浆，保温养护时间不少于7d。

3. 冬期施工外墙饰面石材，应根据当地气温条件及吸水率要求选材。安装前可根据块材大小，在结构施工时预埋一定数量的锚固件。采有螺栓固定的干作业法施工，锚固螺栓应作防水、防锈处理。

4. 釉面砖及外墙面砖在冬期施工时宜在2%盐水中浸泡2d，且晾干后方可使用。

11.2 雨期施工

一、材料保管

1. 雨期施工，要对所用材料进行防雨、防潮管理。水泥库房和砂子堆放场地要设在地势较高的地方。水泥库房要封闭，顶、墙不能漏水和渗水。砂子的堆放场地不能积水，必要时要挖好排水沟。

2. 饰面板、块要在室内或搭棚存放，如果经长时间雨淋后，使用时一定要阴干至表面水膜退去，以免造成粘贴滑坠和粘贴空鼓。

3. 麻刀等松散材料不要受潮，要保持干燥、膨松状态。

4. 阴雨期施工，搅拌砂浆时加水量要包括砂子所含的水量，运输中要有防雨措施。

二、抹灰施工

1. 雨期施工时，要先把屋面防水层作完后，再进行室内抹灰；室外抹灰时，要掌握当天或近几日气象信息，有计划地进行各部分的抹灰。在局部抹灰后，如果未凝固前遇降雨，要进行防雨遮盖，以免被雨水冲刷而破坏抹灰层的平整和强度。

2. 雨期施工时，基层的浇水湿润要适度，对某局部被雨水淋透处要阴干后才能在其上抹灰，以免造成滑坠、鼓裂和脱皮等现象。

11.3 安全防护

1. 施工人员进入现场必须戴安全帽；高空作业要系安全带；坡面施工要穿软底鞋，并有防滑措施。在机械喷涂抹灰和砂浆中含有毒添加剂的抹灰施工时，要戴防护眼镜、面具、手套、工作服及胶鞋等劳动保护用品。

2. 施工人员必须对所使用的脚手架进行安全检查；脚手架的立杆下面要铺垫木脚手板或绑有扣地杆以防下沉，横杆与立杆之间的卡扣要拧紧拧牢。小横杆间距不得大于 2m，且不能滑动。脚手板并排铺设不少于 3 块，不能有探头板。每步脚手架都要设护身栏杆并挂安全网，下部要设挡脚板，脚手架必须牢固不得摆动。单排架要与结构拉结牢固；双排架要有斜支撑，并适当加剪刀撑。

3. 脚手架上的料具堆放要分散有序，不能集中堆放，一般每 m^2 不能超过 270kg。使用的工具和板材等要放平稳，大杠、靠尺等较长的工具不能竖立放置，以免滑落伤人。

4. 零星抹灰时，不要为了省事而利用暖气管、片及输水管等作为搭设脚手架的支撑，以免造成安全事故。

5. 抹灰工在脚手架上操作时，要防止因卡子滑脱，或躲避他人及工具、小车等而造成失重坠落；要防止有弹性的工具，由于操作不慎弹出而造成伤人事故。

6. 冬期施工，室外脚手架的脚手板要经常打扫，以防霜雪过滑造成失稳而发生事故。

7. 施工人员不得翻跃外脚手架和乘坐运料专用吊篮。

8. 室外抹灰操作时，严禁私自拆除脚手架上任何部位和各种防护口位置的安全设施，必须拆除时，要经现场安全员同意后，由架子工负责拆除。

9. 使用机械时，要由经过专业培训的持证人员操作，并严格遵守安全规程。无齿锯、云石机、打磨机等机械设备要有防护罩，操作时面部不能直对机械。搅拌机操作时，不要用手或脚在料口处直接送料，也不可在机械运转时用铁锹、灰镐、木棒等拨、刮、通、送料物；倒料时，要先断电再用灰镐、铁锹等工具进行扒灰。

10. 雨期施工，要对机械设备做好防护，以免造成漏电事故。

11. 施工中照明的临时用电，应采用安全电压，如果电路出现故障，要由电工负责检查、维修，无操作人员严禁私自乱动。

12. 搅拌砂浆和抹灰的操作中要注意防止砂浆溅入眼内。

13. 冬期采用热作法施工时，要防止煤气中毒和火灾，如果使用气体作燃料采暖时，要有防爆措施。

12 工料计算

12.1 工料计算规则

1. 计算方法

计算抹灰工程和饰面工程材料用量和人工工日，应根据设计图纸（或实际测量尺寸）计算各分部分项子目的工程量，查取《全国统一建筑工程基础定额》中所列各分部分项子目的材料定额和人工定额，按下式计算出各子目的材料用量和人工工日。

$$材料用量 = 工程量 \times 相应材料定额$$

$$人工工日数 = 工程量 \times 综合人工定额$$

$$工作天数 = \frac{人工工日数}{每天工作人数}$$

（每天按一班 8 小时工作时间计算）

式中工程量的计量单位应与定额表中所列计量单位相一致。

如果某种材料是由几种材料配合而成，则应根据其配合比分别计算出组成材料的用量，即：组成材料用量 = 混合材料用量 × 相应的配合比。相同品种、规格的材料应相加汇总。

2. 计量单位

计量单位应遵守下列规定：

(1) 以体积计算的为立方米（m^3）；
(2) 以面积计算的为平方米（m^2）；
(3) 以长度计算的为米（m）；
(4) 以重量计算的为千克（kg）；
(5) 以件或个计算的为件或个（件或个）；

(6) 以工日计算的为工日（工日）。

汇总时，其准确度取值：m^3、m^2、m，工日以下取两位，千克、件或个取整数。

3. 工料定额有关说明

(1) 抹灰厚度，如设计与定额给定不同时，除定额项目有注明可以换算外，其他一律不作调整，抹灰厚度，按不同的砂浆分别列在定额项目中，同类砂浆列总厚度，不同砂浆分别列出厚度，如定额项目中 18+6mm 即表示不同砂浆的各自厚度。

(2) 圆弧形、锯齿形、不规则墙面抹灰、镶贴块料、饰面，按相应项目人工乘以系数 1.15。

(3) 外墙贴块料釉面砖项目灰缝宽分密缝、10mm 以内和 20mm 以内列项，其人工、材料已综合考虑。如灰缝超过 20mm 以上者，其块料及灰缝材料用量允许调整，其他不变。

(4) 块料镶贴和装饰抹灰的"零星项目"适用于挑檐、天沟、腰线、窗台线、门窗套、压顶、栏板、扶手、遮阳板、雨篷周边等。一般抹灰的"零星项目"适用于各种壁柜、碗柜、过人洞、暖气壁龛、池槽、花台以及 $1m^2$ 以内的抹灰。抹灰的"装饰线条"适用于门窗套、挑檐、腰线、压顶、遮阳板、楼梯边梁、宣传栏边框等凸出墙面或灰面展开宽度小于 300mm 以内的竖、横线条抹灰。超过 300mm 的线条抹灰按"零星项目"执行。

(5) 墙柱面抹灰，装饰项目均包括 3.6m 以下简易脚手架的搭设及拆除。

(6) 整体面层、块料面层中的楼地面项目，均不包括踢脚板工料；楼梯不包括踢脚板、侧面及板底抹灰，另按相应定额项目计算。

(7) 踢脚板高度是按 150mm 编制的，超过时材料用量可以调整，人工、机械用量不变。

(8) 菱苦土地面、现浇水磨石定额项目已包括酸洗打蜡工料，其余项目均不包括酸洗打蜡。

(9) 台阶不包括牵边、侧面装饰。

（10）块料面层定额中的"零星装饰"项目，适用于小便池、蹲位、池槽等，本定额未列的项目，可按墙柱面中相应项目计算。

12.2 工料计算

一、墙柱面装饰工料计算

1. 工程量计算

（1）内墙抹灰工程量按以下规定计算：

1）内墙抹灰面积，应扣除门窗洞口和空圈所占的面积，不扣除踢脚板、挂镜线、$0.3m^2$ 以内的孔洞和墙与构件交接处的面积，洞口侧壁和顶面亦不增加。墙垛和附墙烟囱侧壁面积与内墙抹灰工程量合并计算。

2）内墙面抹灰的长度，以主墙间的图示净长尺寸计算。其高度确定如下：

a. 无墙裙的，其高度按室内地面或楼面至顶棚底面之间距离计算；

b. 有墙裙的，其高度按墙裙顶至顶棚底面之间距离计算；

c. 钉板条顶棚的内墙面抹灰，其高度按室内地面或楼面至顶棚底面另加 100mm 计算。

3）内墙裙抹灰面积按内墙净长乘以高度计算。应扣除门窗洞口和空圈所占的面积，门窗洞口和空圈的侧壁面积不另增加，墙垛、附墙烟囱侧壁面积并入墙裙抹灰面积内计算。

（2）外墙抹灰工程量按以下规定计算：

1）外墙抹灰面积按外墙面的垂直投影面积以平方米计算。应扣除门窗洞口、外墙裙和大于 $0.3m^2$ 孔洞所占面积，洞口侧壁面积不另增加。附墙垛、梁、柱侧面抹灰面积并入外墙面抹灰工程量内计算。栏板、栏杆、窗台线、门窗套、扶手、压顶、挑檐、遮阳板、突出墙外的腰线等，另按相应规定计算。

2）外墙裙抹灰面积按其长度乘高度计算，扣除门窗洞口和

大于 $0.3m^2$ 孔洞所占的面积，门窗洞口及孔洞的侧壁面积不另增加。

3) 窗台线、门窗套、挑檐、腰线、遮阳板等展开宽度在 300mm 以内者，按装饰线以延长米计算；如展开宽度超过 300mm 以上时，按图示尺寸以展开面积计算，套零星抹灰定额项目。

4) 栏板、栏杆（包括立柱、扶手或压顶等）抹灰按立面垂直投影面积乘以系数 2.2 以平方米计算。

5) 阳台底面抹灰按水平投影面积以平方米计算，并入相应顶棚抹灰面积内。阳台如带悬臂梁者，其工程量乘系数 1.30。

6) 雨篷底面或顶面抹灰分别按水平投影面积以平方米计算，并入相应顶棚抹灰面积内。雨篷顶面带反沿或反梁者，其工程量乘系数 1.2；底面带悬臂梁者，其工程量乘系统 1.2。雨篷外边线按相应装饰或零星项目执行。

7) 墙面勾缝按垂直投影面积计算，应扣除墙裙和墙面抹灰的面积，不扣除门窗洞口、门窗套、腰线等零星抹灰所占的面积，附墙柱和门窗洞口侧面的勾缝面积亦不增加。独立柱、房上烟囱勾缝，按图示尺寸以平方米计算。

(3) 外墙装饰抹灰工程量按以下规定计算：

1) 外墙各种装饰抹灰均按图示尺寸以实抹面积计算。应扣除门窗洞口、空圈的面积，其侧壁面积不另增加。

2) 挑檐、天沟、腰线、栏杆、门窗套、窗台线、压顶等均按图示尺寸展开面积以平方米计算，并入相应的外墙面积内。

(4) 独立柱一般抹灰、装饰抹灰工程量按结构断面周长乘以柱的高度以平方米计算。

(5) 墙、柱、梁面喷涂工程量按其装饰工程相应的工程量计算规则的规定计算。

(6) 块料面层工程量按以下规定计算：

1) 墙面贴块料面层按实贴面积计算。

2) 独立柱贴块料面层按结构断面周长乘以柱高以平方米计算。

3）墙裙以高度在1500mm以内为准，超过1500mm时按墙面计算，高度低于300mm以内时，按踢脚板计算。

2．工料定额

（1）石灰砂浆：

工作内容：

1）清理、修补、湿润基层表面，堵墙眼，调运砂浆，清扫落地灰。

2）分层抹灰找平、刷浆，洒水湿润，罩面压光（包括门窗洞口侧壁及护角线抹灰）。

墙柱面抹石灰砂浆工料定额见表12-1、表12-2、表12-3、表12-4和表12-5。

100m² 墙面、墙裙抹石灰砂浆定额　　　　表12-1

项　　目		单位	墙面、墙裙石灰砂浆二遍		
			16mm		8+8mm	16mm
			砖　墙	混凝土墙	轻质墙	钢板网墙
人工	综合工日	工日	12.90	15.45	11.51	14.19
材料	石灰砂浆1:3	m³	1.80	—	0.92	—
	石灰砂浆1:2.5	m³	—	—	0.92	—
	水泥砂浆1:3	m³	—	1.85	—	—
	混合砂浆1:1:6	m³	—	—	—	1.85
	水泥砂浆1:2	m³	0.03	—	—	—
	素水泥浆	kg	—	0.11	—	0.11
	108胶	kg	—	2.48	—	2.48
	纸筋石灰浆	m³	0.22	0.22	0.22	0.22
	水	m³	0.70	0.70	0.70	0.70
	松厚板	m³	0.005	0.005	0.005	0.005
机械	灰浆搅拌机200L	台班	0.34	0.35	0.34	0.35

注：墙面分格、嵌条、压线按相应定额增加工料。

100m² 墙面、墙裙抹石灰砂浆定额　　表12-2

项目		单位	墙面、墙裙石灰砂浆三遍			
			18mm	9+9mm		
			砖墙	混凝土墙	轻质墙	钢板网墙
人工	综合工日	工日	15.69	18.86	13.99	17.19
材料	石灰砂浆 1:3	m³	2.09	—	1.03	1.03
	石灰砂浆 1:2.5	m³	—	—	1.03	—
	水泥砂浆 1:3	m³	—	1.04	—	—
	混合砂浆 1:3:9	m³	—	1.04	—	—
	混合砂浆 1:1:6	m³	—	—	—	1.04
	素水泥浆	m³	—	0.11	—	0.11
	108胶	kg	—	2.48	—	2.48
	纸筋石灰浆	m³	0.22	0.22	0.22	0.22
	水泥砂浆 1:2	m³	0.03	—	—	—
	水	m³	0.69	0.70	0.70	0.30
	松厚板	m³	0.005	0.005	0.005	0.005
机械	灰浆搅拌机 200L	台班	0.39	0.38	0.38	0.38

100m² 墙面、墙裙抹石灰砂浆定额　　表12-3

项目		单位	墙面、墙裙石灰砂浆四遍			
			22mm	6+8+8mm	16+6mm	22mm
			砖墙	混凝土墙	轻质墙	钢板网墙
人工	综合工日	工日	19.18	23.04	17.14	20.73
材料	石灰砂浆 1:3	m³	2.48	0.69	1.83	—
	石灰砂浆 1:2.5	m³	—	—	0.69	—
	水泥砂浆 1:3	m³	—	0.92	—	—
	混合砂浆 1:3:9	m³	—	0.92	—	—
	混合砂浆 1:1:6	m³	—	—	—	2.54
	水泥砂浆 1:2	m³	0.04	—	—	—
	素水泥浆	m³	—	0.11	—	0.11
	108胶	kg	—	2.48	—	2.48
	纸筋石灰浆	m³	0.22	0.22	0.22	0.22
	水	m³	0.74	0.76	0.74	0.36
	松厚板	m³	0.005	0.005	0.005	0.005
机械	灰浆搅拌机 200L	台班	0.46	0.46	0.46	0.46

100m² 独立柱面抹石灰砂浆定额 表12-4

项目		单位	独立柱面抹石灰砂浆			
			多边形圆形砖柱	多边形圆形混凝土柱	矩形砖柱	矩形混凝土柱
人工	综合工日	工日	22.91	23.63	19.24	18.57
材料	石灰砂浆 1:3	m³	1.98	—	1.93	—
	水泥砂浆 1:3	m³	—	2.00	—	2.00
	水泥砂浆 1:2	m³	—	—	0.26	—
	素水泥浆	m³	—	0.10	—	0.10
	108胶	kg	—	2.21	—	2.21
	纸筋石灰浆	m³	0.21	0.21	0.21	0.21
	水	m³	0.77	0.79	0.77	0.79
	松厚板	m³	0.005	0.005	0.005	0.005
机械	灰浆搅拌机 200L	台班	0.37	0.37	0.37	0.37

抹石灰砂浆墙面、装饰线定额 表12-5

项目		单位	抹石灰砂浆			
			35mm 毛石墙面	16mm 墙面一遍成活	零星项目	装饰线条
			100m²			100m
人工	综合工日	工日	21.91	11.09	61.52	13.15
材料	石灰砂浆 1:3	m³	3.94	1.80	—	—
	混合砂浆 1:3:9	m³	—	—	2.00	—
	石灰麻刀砂浆 1:3	m³	—	—	—	0.40
	水泥砂浆 1:2	m³	0.06	0.03	—	—
	纸筋石灰浆	m³	0.22	—	0.21	0.04
	水	m³	0.90	0.70	0.77	0.15
	松厚板	m³	0.005	0.005	—	—
机械	灰浆搅拌机 200L	台班	0.70	0.31	0.37	0.07

(2) 水泥砂浆：

工作内容：

1) 清理、修补、湿润基层表面，堵墙眼，调运砂浆，清扫落地灰。

2) 分层抹灰找平、刷浆，洒水湿润，罩面压光（包括门窗洞口侧壁抹灰）。

墙柱面抹水泥砂浆工料定额见表12-6、表12-7和表12-8。

100m² 墙面、墙裙抹水泥砂浆定额　　　　　　　表12-6

项目		单位	墙面、墙裙抹水泥砂浆			
			14+6mm	12+8mm	24+6mm	14+6mm
			砖墙	混凝土墙	毛石墙	钢板网墙
人工	综合工日	工日	14.49	15.64	18.69	17.08
材料	水泥砂浆 1:3	m³	1.62	1.39	2.77	1.62
	水泥砂浆 1:2.5	m³	0.69	0.92	0.69	0.69
	素水泥浆	m³	—	0.11	—	0.11
	108胶	kg	—	2.48	—	2.48
	水	m³	0.70	0.70	0.83	0.70
	松厚板	m	0.005	0.005	0.005	0.005
机械	灰浆搅拌机 200L	台班	0.39	0.39	0.58	0.39

抹水泥砂浆墙面、装饰线定额　　　　　　　表12-7

项目		单位	水泥砂浆		
			14+6mm	6+14mm	装饰线条
			轻质墙墙面、墙裙	零星项目	
			100m²		100m
人工	综合工日	工日	14.78	65.62	15.71
材料	水泥砂浆 1:3:9	m³	1.62	—	—
	水泥砂浆 1:2.5	m³	0.69	0.67	0.18
	水泥砂浆 1:3	m³	—	1.55	0.18
	水泥砂浆 1:2	m³	—	—	0.13
	素水泥浆	m³	—	0.10	—
料	108胶	kg	—	2.21	—
	水	m³	0.69	0.79	0.16
	松厚板	m³	0.005	—	—
机械	灰浆搅拌机 200L	台班	0.39	0.37	0.08

100m² 独立柱面抹水泥砂浆定额   表12-8

项目		单位	独立柱面抹水泥砂浆			
			多边形圆形砖柱面	多边形圆形混凝土柱面	矩形砖柱	矩形混凝土柱
人工	综合工日	工日	28.36	29.51	19.09	21.52
材料	水泥砂浆 1:3	m³	1.55	1.33	1.55	1.33
	水泥砂浆 1:2.5	m³	0.67	0.89	0.67	0.89
	素水泥浆	m³	—	0.10	—	0.10
	108胶	kg	—	2.21	—	2.21
	水	m³	0.79	0.79	0.79	0.79
	松厚板	m³	0.005	0.005	0.005	0.005
机械	灰浆搅拌机 200L	台班	0.37	0.37	0.37	0.37

(3) 混合砂浆：

工作内容：

1) 清理、修补、湿润基层表面，堵墙眼，调运砂浆，清扫落地灰。

2) 分层抹灰找平、刷浆、洒水湿润，罩面压光（包括门窗洞口侧壁及护角线抹灰）。

墙、柱面抹混合砂浆工料定额见表12-9、表12-10和表12-11。

100m² 墙面、墙裙抹混合砂浆定额   表12-9

项目		单位	墙面、墙裙抹混合砂浆			
			14+6mm 砖墙	12+8mm 混凝土墙	24+6mm 毛石墙	14+6mm 钢板网墙
人工	综合工日	工日	13.73	17.93	18.70	16.21
材料	混合砂浆 1:1:6	m³	1.62	1.39	2.77	1.62
	混合砂浆 1:1:4	m³	0.69	0.94	0.69	0.69
	素水泥浆	m³		0.11		0.11
	108胶	kg		2.48		2.48
	水	m³	0.69	0.70	0.83	0.70
	松厚板	m³	0.005	0.005	0.005	0.005
机械	灰浆搅拌机 200L	台班	0.39	0.39	0.58	0.39

抹混合砂浆墙面、装饰线定额　　　　　表12-10

项目		单位	抹混合砂浆		
			14+6mm 轻质墙墙面、墙裙	零星项目	装饰线条
			100m²		100m
人工	综合工日	工日	13.73	65.61	15.76
材料	混合砂浆 1:1:6	m³	1.62	1.55	0.36
	混合砂浆 1:1:4	m³	0.69	0.67	0.13
	水	m³	0.69	0.79	0.18
	松厚板	m³	0.005	—	—
机械	灰浆搅拌机 200L	台班	0.39	0.37	0.08

100m² 独立柱面抹混合砂浆定额　　　　　表12-11

项目		单位	独立柱面抹混合砂浆			
			多边形圆形砖柱面	多边形圆形混凝土柱面	矩形砖柱	矩形混凝土柱
人工	综合工日	工日	27.21	28.37	18.59	20.18
材料	混合砂浆 1:1:6	m³	1.55	1.33	1.55	1.33
	混合砂浆 1:1:4	m³	0.67	0.89	0.67	0.89
	素水泥浆	m³	—	0.10	—	0.10
	108胶	kg	—	2.21	—	2.21
	水	m³	0.77	0.79	0.77	0.79
	松厚板	m³	0.005	0.005	0.005	0.005
机械	灰浆搅拌机 200L	台班	0.37	0.37	0.37	0.37

(4) 其他砂浆:

工作内容:

1) 清理、修补、湿润基层表面，堵墙眼，调运砂浆，清扫落地灰。

2) 分层抹灰找平、刷浆，洒水湿润，罩面压光（包括门窗洞口侧壁及护角线抹灰）。

墙、柱面抹石膏砂浆、TG砂浆、石英砂浆、珍珠岩砂浆工料定额见表 12-12、表 12-13 和表 12-14。

抹石膏砂浆墙面、装饰线定额　　　表 12-12

项　目		单位	石　膏　砂　浆			装饰线条
			砖墙柱面	8+2mm 混凝土墙柱面	零星项目	
			100m²			100m
人工	综合工日	工日	16.14	19.44	61.09	12.02
材	石膏砂浆	m³	0.90	0.90	0.88	0.18
	素石膏浆	m³	0.22	0.33	0.21	0.06
	水泥砂浆 1:2	m³	0.01	0.01	—	—
	水	m³	0.50	0.60	0.60	0.10
料	松厚板	m³	0.005	0.005	—	—
机械	灰浆搅拌机 200L	台班	0.19	0.19	0.18	0.04

100m² 墙面抹 TG 砂浆、石英砂浆定额　　　表 12-13

项　目		单位	墙面、墙裙抹 TG 砂浆		石英砂浆搓砂墙面	
			8mm	6+8mm	14+8mm	
			加气混凝土条板墙	加气混凝土砌块墙	分格嵌木条	不分格
人工	综合工日	工日	15.33	16.25	15.95	14.11
材	TG 胶水泥砂浆	m³	1.03	0.80	—	—
	石灰砂浆 1:3	m³	—	0.92	—	—
	纸筋石灰浆	m³	0.22	0.22	—	—
	水泥砂浆 1:3	m³	—	—	1.62	1.62
	水泥石英混合砂浆	m³	—	—	0.92	0.92
料	二等板方材	m³	—	—	0.041	—
	水	m³	0.56	0.64	0.72	0.72
	松厚板	m³	0.005	0.005	0.005	0.005
机械	灰浆搅拌机 200L	台班	0.19	0.31	0.42	0.42

100m² 墙面、墙裙抹珍珠岩浆定额　　　　　表 12-14

项目		单位	墙面、墙裙抹珍珠岩浆	
			23mm	26mm
			砖 墙	混凝土墙
人工	综合工日	工日	18.17	22.39
材料	水泥珍珠岩浆 1:8	m³	2.66	3.00
	素水泥浆	m³	—	0.11
	108 胶	kg	—	2.48
	纸筋石灰浆	m³	0.22	0.22
	水	m³	0.76	0.82
	松厚板	m³	0.005	0.005
机械	灰浆搅拌机 200L	台班	0.48	0.54

(5) 水泥砂浆勾缝：

工作内容：

1) 清扫墙面、修补湿润，堵墙眼，调运砂浆，翻脚手板，清扫落地灰。

2) 刻瞎缝，勾缝，墙角修补等全部过程。

墙面勾缝工料定额见表 12-15。

100m² 墙面水泥砂浆勾缝定额　　　　　表 12-15

项目		单位	水泥砂浆勾缝			假面砖墙面 3+3+14mm
			砖墙勾凹缝	石墙勾凸缝	石墙勾凹缝	
人工	综合工日	工日	6.89	9.23	8.53	20.42
材料	水泥砂浆 1:1	m³	0.09	—	—	0.35
	水泥砂浆 1:1.5	m³	—	0.27	0.16	—
	混合砂浆 1:1:4	m³	—	—	—	0.35
	水泥砂浆 1:3	m³	—	—	—	1.62
	红土子	kg	—	—	—	11.47
	水	m³	0.41	0.45	0.42	0.69
机械	灰浆搅拌机 200L	台班	0.02	0.05	0.03	0.39

注：假饰面砖红土粉，如用矿物颜料者品种可以调整，用量不变。

(6) 水刷石：

工作内容：

1) 清理、修补、湿润墙面，堵墙眼，调运砂浆，翻脚手板，清扫落地灰。

2) 分层抹灰、刷浆、找平，起线拍平，压实，刷面（包括门窗侧壁抹灰）。

墙柱面水刷石工料定额见表12-16和表12-17。

100m² 墙柱面水刷豆石定额　　表12-16

项目		单位	水刷豆石			
			12+12mm 砖、混凝土墙面	18+12mm 毛石墙面	柱面	零星项目
人工	综合工日	工日	36.59	38.13	48.89	89.30
材	水泥砂浆 1:3	m³	1.39	2.08	1.33	1.33
	玻璃碴浆 1:1.25	m³	1.39	1.39	1.33	1.33
	素水泥浆	m³	0.11	0.11	0.10	0.10
	108胶	kg	2.48	2.48	2.21	2.21
料	水	m³	2.88	3.00	2.86	2.86
机械	灰浆搅拌机 200L	台班	0.46	0.58	0.44	0.44

100m² 墙柱面水刷白石子定额　　表12-17

项目		单位	水刷白石子			
			12+10mm 砖、混凝土墙面	20+10mm 毛石墙面	柱面	零星项目
人工	综合工日	工日	37.93	38.04	48.62	89.19
材	水泥砂浆 1:3	m³	1.39	2.31	1.33	1.33
	水泥白石子浆 1:1.5	m³	1.15	1.15	1.11	1.11
	素水泥浆	m³	0.11	0.11	0.10	0.10
	108胶	kg	2.48	2.48	2.21	2.21
料	水	m³	2.84	3.00	2.82	2.82
机械	灰浆搅拌机 200L	台班	0.42	0.58	0.41	0.41

(7) 干粘石：

工作内容：

1) 清理、修补、湿润基层表面，堵墙眼，调运砂浆，翻移脚手板，清扫落地灰。

2) 分层抹灰、刷浆、找平，起线、粘石、压平、压实（包括门窗侧壁抹灰）。

墙、柱面干粘石工料定额见表 12-18。

100m² 墙柱面干粘白石子定额　　　　表 12-18

项　目		单位	干 粘 白 石 子			
			18mm	30mm	柱　面	零星项目
			砖、混凝土墙面	毛石墙面		
人工	综合工日	工日	25.62	25.81	38.27	71.16
材	水泥砂浆1:3	m³	2.08	3.46	2.00	2.00
	素水泥浆	m³	0.11	0.11	0.10	0.10
	108胶	kg	2.48	2.48	2.21	2.21
	白石子	kg	747.00	747.00	718.00	718.00
料	水	m³	1.96	2.96	1.95	1.95
机械	灰浆搅拌机200L	台班	0.35	0.58	0.33	0.33

(8) 斩假石：

工作内容：

1) 清理、修补、湿润基层表面，堵墙眼，调运砂浆，翻移脚手板，清扫落地灰。

2) 分层抹灰、刷浆、找平，起线、压平、压实、剁面（包括门窗侧壁抹灰）。

墙柱面斩假石工料定额见表 12-19。

(9) 现制水磨石：

工作内容：

1) 清理、修补、湿润基层表面，堵墙眼，调运砂浆，翻移脚手板，清扫落地灰。

2) 分层抹灰、刷浆、找平，配色抹面，起线、压平、压实，磨光（包括门窗侧壁抹灰）。

墙柱面现制水磨石工料定额见表 12-20。

100m² 墙、柱面斩假石定额　　　　　　　表 12-19

项　目		单位	12+10mm 砖、混凝土墙面	18+10mm 毛石墙面	柱　面	零星项目
人工	综合工日	工日	87.54	87.62	111.91	226.06
材料	水泥砂浆 1:3	m³	1.39	2.08	1.33	1.33
	水泥豆石浆 1:1.25	m³	1.15	1.15	1.11	1.11
	素水泥浆	m³	0.11	0.11	0.10	0.10
	108 胶	kg	2.48	2.48	2.21	2.21
	水	m³	0.84	0.82	0.72	0.75
机械	灰浆搅拌机 200L	台班	0.42	0.54	0.41	0.41

100m² 墙、柱面现制水磨石定额　　　　　　表 12-20

项　目		单位	普通水磨石			
			12+10mm		柱　面	零星项目
			墙面玻璃分格	墙面不分格		
人工	综合工日	工日	134.97	122.04	133.57	146.16
材料	水泥砂浆 1:3	m³	1.39	1.39	1.33	1.33
	水泥白石子浆 1:1.5	m³	1.15	1.15	1.11	1.11
	素水泥浆	m³	0.11	0.11	0.10	0.10
	108 胶	kg	2.48	2.48	2.21	2.21
	玻璃 3mm	m²	6.15	—	—	—
	金刚石 三角形	块	10.10	10.10	10.10	10.10
	硬白蜡	kg	2.65	2.65	2.65	2.65
	草酸	kg	1.00	1.00	1.00	1.00
	清油	kg	0.53	0.53	0.53	0.53
	煤油	kg	4.00	4.00	4.00	4.00
	油漆溶剂油	kg	0.60	0.60	0.60	0.60
	棉纱头	kg	1.00	1.00	1.00	1.00
	水泥	kg	25.00	25.00	25.00	25.00
	水	m³	16.73	16.73	16.72	16.72
机械	灰浆搅拌机 200L	台班	0.42	0.42	0.41	0.41

(10) 拉条灰、甩毛灰：

工作内容：

1) 清理、修补、湿润基层表面，堵墙眼，调运砂浆，清扫落地灰。

2) 分层抹灰、刷浆、找平，罩面，分格，拉条，甩毛（包括门窗侧壁抹灰）。

墙面拉条灰、甩毛灰工料定额见表 12-21。

100m² 墙面拉条、甩毛定额　　　　表 12-21

项　目		单位	墙面拉条		墙面甩毛	
			14+10mm	10+14mm	12+6mm	10+6mm
			砖墙面	混凝土墙面	砖墙面	混凝土墙面
人工	综合工日	工日	18.25	19.24	16.58	20.24
材料	混合砂浆 1:0.5:2	m³	1.62	—	—	—
	混合砂浆 1:0.5:1	m³	1.15	1.15	—	—
	水泥砂浆 1:3	m³	—	1.62	—	1.15
	混合砂浆 1:1:6	m³	—	—	1.39	—
	混合砂浆 1:1:4	m³	—	—	0.69	—
	水泥砂浆 1:2.5	m³	—	—	—	0.69
	水泥砂浆 1:1	m³	—	—	0.32	0.32
	素水泥浆	m³	—	0.21	0.10	0.21
	108胶	kg	—	4.69	2.21	4.69
	红土子	kg	—	—	12.60	12.60
	水	m³	0.86	0.90	0.82	0.86
机械	灰浆搅拌机 200L	台班	0.46	0.46	0.40	0.36

注：甩毛如采用矿物颜料代替红土粉者品种可以调整，用量不变。

(11) 喷塑：

工作内容：

清扫、清铲、执补墙面，门窗框贴粘合带，遮盖门窗口，调制、刷底油，喷塑，胶辘，压平，刷面油等。

墙、柱面喷塑工料定额见表 12-22。

100m² 墙、柱面喷塑定额　　　表 12-22

项目		单位	墙、柱、梁面一塑三油			
			大压花	中压花	喷中点幼点	平面
人工	综合工日	工日	10.90	9.80	8.87	5.10
材料	底层固化剂	kg	21.75	17.10	15.07	8.70
	中层涂料	kg	142.50	93.10	65.61	—
	面层高光面油	kg	43.20	40.85	40.00	35.19
	水	m³	0.20	0.20	0.20	1.10
	其他材料费占材料费	%	0.28	0.36	0.43	0.44
机械	电动空气压缩机 6m³	台班	0.99	0.89	0.81	—
	泥浆泵	台班	0.99	0.89	0.81	—

（12）喷涂：

工作内容：

基层清理，补小孔洞，调料，刮腻子，遮盖不应喷处，喷涂料，压平，清铲、清理被喷污的位置等。

墙柱面喷 JH801 涂料、彩砂、砂胶涂料工料定额见表 12-23、表 12-24。

100m² 外墙 JH801 涂料定额　　　表 12-23

项目		单位	外墙 JH801 涂料		
			砖墙	混凝土墙	加气混凝土墙
人工	综合工日	工日	6.58	6.58	6.58
材料	108 胶	kg	—	34.60	31.80
	色粉	kg	—	3.40	—
	JH801 涂料	kg	100.00	100.00	100.00
	水	m³	0.70	0.14	1.20
	其他材料费占材料费	%	1.46	1.38	1.48
机械	电动空气压缩机 6m³	台班	0.55	0.55	0.55

100m² 墙、柱面、顶棚面喷涂定额　　表12-24

项　目		单位	彩砂喷涂		砂胶涂料	
			抹灰墙	混凝土墙	墙柱面	顶棚
人工	综合工日	工日	11.50	12.65	12.91	14.34
材料	水泥	kg	30.00	197.00	—	—
	108胶	kg	—	32.80		
	丙烯酸彩砂涂料	kg	380.00	510.00		
	砂胶料	kg			110.00	110.00
	水	m³	0.64	0.20	—	—
	其他材料费占材料费	%	0.35	0.29	3.61	3.61
机械	电动空气压缩机6m³	台班	0.71	0.96	1.20	1.20

（13）大理石板镶贴：

1）挂贴法工作内容：

清理修补基层表面，刷浆，预埋铁件，制作安装钢筋网，电焊固定；选料湿水，钻孔成槽，镶贴面层及阴阳角，穿丝固定；调运砂浆，磨光，打蜡，擦缝，养护。

挂贴法镶贴大理石板工料定额见表12-25。

挂贴100m² 大理石板定额　　表12-25

项　目		单位	挂贴大理石（灌缝砂浆50mm厚）			
			砖墙面	混凝土墙面	砖柱面	混凝土柱面
人工	综合工日	工日	67.35	68.91	87.21	96.93
材料	水泥砂浆1:2.5	m³	5.55	5.55	5.92	6.09
	素水泥浆	m³	0.10	0.10	0.10	0.10
	大理石板500×500	m²	102.00	102.00	127.19	132.09
	钢筋Ø6	t	0.11	0.11	0.15	0.15
	铁件	kg	34.87	—	30.58	—
	膨胀螺栓	套		524		920
	铜丝	kg	7.77	7.77	7.77	7.77
	电焊条	kg	1.51	1.51	1.33	2.66
	白水泥	kg	15.00	15.00	19.00	19.00
	合金钢钻头Ø20	个		6.55		11.50
	石料切割锯片	片	2.69	2.69	3.36	3.49

续表

项目		单位	挂贴大理石（灌缝砂浆 50mm 厚）			
			砖墙面	混凝土墙面	砖柱面	混凝土柱面
材料	硬白蜡	kg	2.65	2.65	3.30	3.43
	草酸	kg	1.00	1.00	1.25	1.30
	煤油	kg	4.00	4.00	0.99	5.18
	清油	kg	0.53	0.53	0.66	0.69
	松节油	kg	0.60	0.60	1.75	0.78
	棉纱头	kg	1.00	1.00	1.25	1.30
	水	m³	1.41	1.41	1.55	1.59
	塑料薄膜	m²	28.05	28.05	28.05	28.05
	松厚板	m³	0.005	0.005	0.005	0.005
机械	灰浆搅拌机 200L	台班	0.93	0.93	0.99	1.02
	石料切割机	台班	4.08	4.08	5.09	5.28
	交流电焊机 30kVA	台班	0.15	0.15	0.13	0.26
	电锤	台班	—	6.55	—	11.50
	钢筋调直机 Ø14 以内	台班	0.05	0.05	0.07	0.07
	钢筋切断机 Ø40 以内	台班	0.05	0.05	0.07	0.07

2）粘贴法工作内容：

清理基层，调运砂浆，打底刷浆；镶贴面层，刷胶粘剂，切割面料；磨光，擦缝，打蜡，养护。

粘贴法镶贴大理石板工料定额见表 12-26、表 12-27。

水泥砂浆粘贴 100m² 大理石板定额　　表 12-26

项目		单位	粘贴大理石（水泥砂浆粘贴）		
			砖墙面	混凝土墙面	零星项目
人工	综合工日	工日	57.10	61.04	63.28
材料	水泥砂浆 1:2.5	m³	0.67	0.67	0.74
	水泥砂浆 1:3	m³	1.33	1.11	1.48
	大理石板 500×500	m²	102.00	102.00	113.22
	白水泥	kg	15.00	15.00	17.00
	YJ—Ⅲ胶粘剂	kg	42.00	42.00	46.62
	YJ—302 粘结剂	kg	—	15.75	—
	石料切割锯片	片	2.69	2.69	2.69

续表

项目		单位	粘贴大理石（水泥砂浆粘贴）		
			砖墙面	混凝土墙面	零星项目
材料	草酸	kg	1.00	1.00	1.11
	硬白蜡	kg	2.65	2.65	2.94
	煤油	kg	4.00	4.00	4.44
	松节油	kg	0.60	0.60	0.67
	清油	kg	0.53	0.53	0.59
	棉纱头	kg	1.00	1.00	1.11
	水	m³	0.70	0.66	0.78
	塑料薄膜	m²	28.05	28.05	—
	松厚板	m³	0.005	0.005	—
机械	灰浆搅拌机 200L	台班	0.33	0.30	0.37
	石料切割机	台班	4.08	4.08	4.49

胶粘剂粘贴 100m² 大理石板定额　　　　表 12－27

项目		单位	粘贴大理石（干粉型粘结剂粘贴）	
			墙面	零星项目
人工	综合工日	工日	59.02	64.12
材料	水泥砂浆 1:3	m³	1.33	1.48
	大理石板 500×500	m²	102.00	113.22
	干粉型胶粘剂	kg	682.50	757.58
	白水泥	kg	15.00	17.00
	石料切割锯片	片	2.69	2.99
	草酸	kg	1.00	1.11
	硬白蜡	kg	2.65	2.94
	煤油	kg	4.00	4.44
	松节油	kg	0.60	0.67
	清油	kg	0.53	0.59
	棉纱头	kg	1.00	1.11
	塑料薄膜	m²	28.05	—
	水	m³	0.59	0.63
	松厚板	m³	0.005	—
机械	灰浆搅拌机 200L	台班	0.33	0.37
	石料切割机	台班	4.08	4.49

3）干挂法工作内容：

清理基层，清洗大理石板，钻孔成槽，安铁件（螺栓），挂大理石板；刷胶，打蜡，清洁面层。

干挂法镶贴大理石板工料定额见表12-28。

干挂100m² 大理石板定额　　　　　表12-28

项　目		单位	干挂大理石			
			内墙面	外墙面		柱面
				密缝	勾缝	
人工	综合工日	工日	87.06	83.61	105.57	113.74
材料	大理石板 600×600	m²	102.00	102.00	99.00	—
	大理石板 600×400	m²	—	—	—	132.09
	膨胀螺栓	套	1133.00	661.00	642.00	1700.00
	铝合金条4	m	158.62	—	—	238.00
	麻丝快硬水泥	m³	0.24	—	—	0.35
	合金钢钻头 Ø20	个	14.03	8.26	8.03	20.84
	石料切割锯片	片	2.69	2.69	2.61	3.49
	密封胶	kg	—	—	137.52	—
	不锈钢连接件	个	—	661.00	642.00	—
	不锈钢连接螺栓	个	—	661.00	642.00	—
	不锈钢插棍	个	—	661.00	642.00	—
	草酸	kg	1.00	1.00	1.00	1.30
	硬白蜡	kg	2.65	2.65	2.65	3.43
	煤油	kg	4.00	4.00	4.00	5.18
	松节油	kg	0.60	0.60	0.60	0.78
	清油	kg	0.53	0.53	0.53	0.69
	棉纱头	kg	1.00	1.00	1.00	1.30
	水	m³	1.42	1.42	1.42	1.83
	塑料薄膜	m²	28.05	28.05	28.05	28.05
机械	石料切割机	台班	4.08	4.08	3.96	5.28
	电锤	台班	14.03	8.18	7.93	20.84

注：勾缝缝宽按10mm以内考虑，超过者大理石及密封胶用量允许换算。

（14）花岗石板镶贴：

1）挂贴法工作内容：

清理修补基层表面，刷浆，预埋铁件，制作安装钢筋网，电焊固定；选料湿水，钻孔成槽，镶贴面层及阴阳角，穿丝固定；

调运砂浆，磨光，打蜡，擦缝，养护。

挂贴法镶贴花岗岩板工料定额见表12-29。

挂贴100m² 花岗石板定额 表12-29

项目		单位	挂贴花岗石（灌缝砂浆50mm厚）			
			砖墙	混凝土墙面	砖柱面	混凝土柱面
人工	综合工日	工日	70.55	72.11	91.99	101.89
材料	水泥砂浆 1:2.5	m³	5.55	5.55	5.92	6.09
	素水泥浆	m³	0.10	0.10	0.10	0.10
	花岗岩板 500×500	m²	102.00	102.00	127.19	132.09
	钢筋 Φ6	t	0.11	0.11	0.15	0.15
	铁件	kg	34.87	—	30.58	—
	膨胀螺栓	套	—	524	—	920
	铜丝	kg	7.77	7.77	7.77	7.77
	电焊条	kg	1.51	1.51	1.33	2.66
	白水泥	kg	15.00	15.00	19.00	19.00
	合金钢钻头 20	个	—	6.55	—	11.50
	石料切割锯片	片	4.21	4.21	5.25	5.45
	硬白蜡	kg	2.65	2.65	3.30	3.43
	草酸	kg	1.00	1.00	1.25	1.30
	煤油	kg	4.00	4.00	4.99	5.18
	清油	kg	0.53	0.53	0.66	0.69
	松节油	kg	0.60	0.60	0.75	0.78
	棉纱头	kg	1.00	1.00	1.25	1.33
	水	m³	1.41	1.41	1.55	1.59
	塑料薄膜	m²	28.05	28.05	28.05	28.05
	松厚板	m³	0.005	0.005	0.005	0.005
机械	灰浆搅拌机 200L	台班	0.93	0.93	0.99	1.02
	石料切割机	台班	5.10	5.10	6.36	6.60
	电锤	台班	—	6.55	—	11.50
	钢筋调直机 Φ14以内	台班	0.05	0.05	0.07	0.07
	钢筋切断机 Φ40以内	台班	0.05	0.05	0.07	0.07

2）干挂法工作内容：

清理基层、清洗花岗岩板，钻孔成槽，安铁件（螺栓），挂花岗岩板，刷胶，打蜡，清洁面层。

干挂法镶贴花岗岩板工料定额见表12-30。

干挂 100m² 花岗岩板定额　　　　表 12-30

项目		单位	干挂花岗岩			
			内墙面	外墙面		柱面
				密缝	勾缝	
人工	综合工日	工日	88.24	84.79	106.70	115.20
材料	花岗石板 600×600	m²	102.00	102.00	99.00	—
	花岗石板 400×600	m²	—	—	—	132.09
	膨胀螺栓	套	1133.00	661.00	642.00	1700.00
	铝合金条 4	m	158.62	—	—	238.00
	麻丝快硬水泥	m³	0.24	—	—	0.35
	合金钢钻头 Ø20	个	14.03	8.26	7.93	20.84
	石料切割锯片	片	4.21	4.21	4.08	5.45
	密封胶	kg	—	—	137.52	—
	不锈钢连接件	个	—	661.00	642.00	—
	电化角铝 25.4×2	m	—	661.00	642.00	—
	不锈钢插棍	个	—	661.00	642.00	—
	草酸	kg	1.00	1.00	1.00	1.30
	硬白蜡	kg	2.65	2.65	2.65	3.43
	煤油	kg	4.00	4.00	4.00	5.18
	松节油	kg	0.60	0.60	0.60	0.78
	清油	kg	0.53	0.53	0.53	0.69
	棉纱头	kg	1.00	1.00	1.00	1.30
	水	m³	1.42	1.42	1.42	1.83
	塑料薄膜	m²	28.05	28.05	28.05	28.05
机械	电锤	台班	14.03	8.18	7.93	20.80
	石料切割机	台班	5.10	5.10	3.96	6.60

注：勾缝缝宽 10mm 以内为准，超过者，花岗岩及密封胶用量允许换算。

3）粘贴法工作内容：

清理基层，调运砂浆，打底刷浆；镶贴面层，刷粘结剂，砂浆勾缝；磨光，擦缝，打蜡，养护。

粘贴法镶贴花岗石板工料定额见表 12-31。

（15）预制水磨石板：

1）挂贴法工作内容：

清理基层，清洗水磨石板，钻孔成槽，安铁件（螺栓），挂水磨石板；刷胶，打蜡，清洁面层。

挂贴法镶贴预制水磨石板工料定额见表 12-32。

拼碎、粘贴 100m² 花岗石板定额　　　　表 12-31

项目		单位	拼碎花岗岩		粘贴花岗岩 零星项目	
			砖墙面	混凝土墙面	水泥砂浆粘贴	粘结剂粘贴（干粉型）
人工	综合工日	工日	107.13	107.14	62.86	64.11
材料	水泥砂浆 1:3	m³	0.89	—	1.48	1.48
	水泥砂浆 1:1.5	m³	—	—	0.74	—
	水泥白石子浆 1:1.5	m³	0.51	0.51	—	—
	混合砂浆 1:0.2:2	m³	1.31	1.33	—	—
	混合砂浆 1:0.5:3	m³	—	0.56	—	—
	素水泥浆	m³	0.10	0.20	—	—
	花岗岩板 500×500	m²	—	—	113.22	113.22
	碎花岗岩板	m²	102.00	102.00	—	—
	YJ—Ⅲ胶粘剂	kg	—	—	46.62	—
	干粉型胶粘剂	kg	—	—	—	757.58
	108 胶	kg	43.89	47.53	—	—
	金刚石	kg	21.00	21.00	—	—
	白水泥	kg	—	—	17.00	17.00
	草酸	kg	3.00	3.00	1.11	1.11
	硬白蜡	kg	5.00	5.00	2.94	2.94
	松节油	kg	15.00	15.00	0.67	0.67
	锡纸	kg	0.30	0.30	—	—
	煤油	kg	—	—	4.44	4.44
	清油	kg	—	—	0.59	0.59
	棉纱头	kg	1.00	1.00	1.11	1.11
	水	m³	0.83	0.80	0.78	0.59
机械	灰浆搅拌机 200L	台班	0.45	0.40	0.37	0.37
	石料切割机	台班	—	—	5.61	5.61

2）粘贴法工作内容：

清理基层，调运砂浆，打底刷浆，镶贴面层，刷胶粘剂，砂浆勾缝；磨光，擦缝，打蜡，养护。

粘贴法镶贴预制水磨石板工料定额见表 12-33。

（16）锦砖粘贴：

工作内容：

清理修补基层表面，打底抹灰，砂浆找平；选料，抹结合层砂浆或刷粘结剂，贴锦砖，擦缝，清洁表面。

锦砖粘贴工料定额见表12-34、表12-35、表12-36和表12-37。

(17) 瓷板粘贴：

工作内容：

清理修补基层表面，打底抹灰，砂浆找平；选料，抹结合层砂浆或刷胶粘剂，贴瓷板，擦缝，清洁表面。

粘贴瓷板工料定额见表12-38、表12-39。

挂贴100m² 预制水磨石板定额　　　表12-32

	项　　目	单位	挂贴预制水磨石（灌缝砂浆50mm厚）			
			砖墙面	混凝土墙面	砖柱面	混凝土柱面
人工	综合工日	工日	53.88	55.44	74.44	89.55
材料	水泥砂浆 1:2.5	m³	5.55	5.55	5.92	6.09
	素水泥浆	m³	0.10	0.10	0.10	0.10
	预制水磨石板 500×500	m²	101.50	101.50	126.57	131.44
	钢筋 Φ6	t	0.11	0.11	0.15	0.15
	铁件	kg	34.87	—	30.58	—
	膨胀螺栓	套	—	524	—	920
	铜丝	kg	7.77	7.77	7.77	7.77
	电焊条	kg	1.51	1.51	1.33	2.66
	白水泥	kg	15.00	15.00	19.00	19.00
	合金钢钻头 Φ20	个	—	6.55	—	11.50
	石料切割锯片	片	2.69	2.69	3.36	3.48
	硬白蜡	kg	2.65	2.65	3.30	3.43
	草酸	kg	1.00	1.00	1.25	1.30
	煤油	kg	4.00	4.00	4.99	5.18
	清油	kg	0.53	0.53	0.66	0.69
	松节油	kg	0.60	0.60	0.75	0.78
	棉纱头	kg	1.00	1.00	1.25	1.30
	水	m³	1.41	1.41	1.55	1.59
机械	灰浆搅拌机 200L	台班	0.93	0.93	0.99	1.02
	石料切割机	台班	4.08	4.08	5.09	5.28
	交流电焊机 30kVA	台班	0.15	0.15	0.20	0.26
	电锤	台班	—	6.55	—	15.50
	钢筋调直机 Φ14以内	台班	0.05	0.05	0.07	0.07
	钢筋切断机 Φ40以内	台班	0.05	0.05	0.07	0.07

粘贴100m² 预制水磨石板定额 表12-33

项目		单位	零星项目粘贴预制水磨石	
			砂浆粘贴	粘结剂粘贴（干粉型）
人工	综合工日	工日	47.91	47.14
材料	水泥砂浆 1:3	m³	1.48	1.48
	水泥砂浆 1:2.5	m³	0.74	—
	预制水磨石板 500×500	m²	112.67	112.67
	YJ—Ⅲ胶粘剂	kg	46.62	—
	干粉型胶粘剂	kg	—	757.58
	白水泥	kg	17.00	17.00
	草酸	kg	1.11	1.11
	硬白蜡	kg	2.94	2.94
	煤油	kg	4.44	4.44
	松节油	kg	0.66	0.67
	清油	kg	0.59	0.59
	棉纱头	kg	1.11	1.11
	水	m³	0.78	0.59
机械	灰浆搅拌机 200L	台班	0.37	0.37
	石料切割机	台班	4.49	4.49

砂浆粘贴100m² 陶瓷锦砖定额 表12-34

项目		单位	陶瓷锦砖（砂浆粘贴）		
			墙面、墙裙	方柱（梁）面	零星项目
人工	综合工日	工日	67.57	81.60	110.19
材料	水泥砂浆 1:3	m³	1.33	1.40	1.48
	混合砂浆 1:1:2	m³	0.31	0.32	0.34
	素水泥浆	m³	0.10	0.11	0.11
	白水泥	kg	25.00	26.00	28.00
	陶瓷锦砖	m²	101.50	106.58	113.00
	108胶	kg	19.00	20.08	20.09
	棉纱头	kg	1.00	1.05	1.11
	水	m³	0.78	0.71	0.72
机械	灰浆搅拌机 200L	台班	0.27	0.29	0.30

注：圆形、多边形柱人工乘以系数 1.167。

胶粘剂粘贴 100m² 陶瓷锦砖定额　　　　　表 12-35

项目		单位	陶瓷锦砖（干粉型胶粘剂粘贴）		
			墙面、墙裙	方柱（梁）面	零星项目
人工	综合工日	工日	75.19	90.86	122.87
材料	陶瓷锦砖	m²	101.50	106.58	113.00
	干粉型胶粘剂	kg	420.00	441.00	466.20
	水泥砂浆 1:3	m³	1.33	1.40	1.48
	素水泥浆	m³	0.10	0.11	0.11
	白水泥	kg	25.00	26.25	28.00
	108 胶	kg	2.21	2.44	2.45
	棉纱头	kg	1.00	1.05	1.11
	水	m³	0.72	0.65	0.65
机械	灰浆搅拌机 200L	台班	0.27	0.29	0.30

砂浆粘贴 100m² 玻璃马赛克定额　　　　　表 12-36

项目		单位	玻璃马赛克（砂浆粘贴）		
			墙面、墙裙	方柱（梁）面	零星项目
人工	综合工日	工日	66.44	80.47	109.00
材料	水泥砂浆 1:3	m³	1.55	1.63	1.73
	混合砂浆 1:0.2:2	m³	0.82	0.86	0.91
	白水泥浆	m³	0.10	0.11	0.11
	白水泥	kg	25.00	26.25	27.75
	玻璃马赛克	m²	101.50	106.58	112.67
	108 胶	kg	20.56	21.60	22.93
	棉纱头	kg	1.00	1.05	1.11
	水	m³	0.81	0.99	1.21
机械	灰浆搅拌机 200L	台班	0.41	0.43	0.46

胶粘剂粘贴 100m² 玻璃马赛克定额　　　　　表 12-37

项目		单位	玻璃马赛克（干粉型胶粘剂粘贴）		
			墙面、墙裙	方柱（梁）面	零星项目
人工	综合工日	工日	73.98	89.69	121.61
材料	水泥砂浆 1:3	m³	1.55	1.63	1.73
	玻璃马赛克	m²	101.50	106.58	112.67
	干粉型胶粘剂	kg	420.00	441.00	466.20
	棉纱头	kg	1.00	1.05	1.11
	白水泥	kg	25.00	26.25	27.75
	水	m³	0.66	0.83	1.04
机械	灰浆搅拌机 200L	台班	0.41	0.43	0.46

砂浆粘贴 100m² 瓷板定额　　　　　　　　　　　表 12-38

项　目		单位	瓷　板（砂浆粘贴）		
			墙面、墙裙	柱（梁）面	零星项目
人工	综合工日	工日	64.33	67.54	81.51
材料	水泥砂浆 1:3	m³	1.11	1.17	1.23
	混合砂浆 1:0.2:2	m³	0.82	0.86	0.91
	瓷板 152×152	千块	4.48	4.70	4.96
	素水泥浆	m³	0.10	0.11	0.11
	白水泥	kg	15.00	16.00	17.00
	阴阳角瓷片	千块	0.38	0.40	0.42
	压顶瓷片	千块	0.47	0.49	0.52
	108胶	kg	2.21	2.32	2.45
	石料切割锯片	片	0.96	1.01	1.07
	棉纱头	kg	1.00	1.05	1.11
	水	m³	0.81	0.99	0.21
	松厚板	m³	0.005	0.005	—
机械	灰浆搅拌机 200L	台班	0.32	0.34	0.36
	石料切割机	台班	1.48	1.64	1.65

胶粘剂粘贴 100m² 瓷板定额　　　　　　　　　　　表 12-39

项　目		单位	瓷　板（干粉型粘结剂粘贴）		
			墙面、墙裙	柱（梁）面	零星项目
人工	综合工日	工日	70.40	73.93	90.28
材料	水泥砂浆 1:3	m³	1.11	1.17	1.23
	干粉型胶粘剂	kg	420.00	441.00	466.20
	瓷板 152×152	千块	4.48	4.70	4.96
	素水泥浆	m³	0.10	0.11	0.11
	白水泥	kg	15.00	16.00	17.00
	阴阳角瓷片	千块	0.38	0.40	0.42
	压顶瓷片	千块	0.47	0.49	0.52
	108胶	kg	2.21	2.32	2.45
	石料切割锯片	片	0.96	1.01	1.07
	棉纱头	kg	1.00	1.05	1.11
	水	m³	0.67	0.83	1.04
	松厚板	m³	0.005	0.005	—
机械	灰浆搅拌机 200L	台班	0.38	0.34	0.36
	石料切割机	台班	1.48	1.64	1.65

(18) 釉面砖粘贴：

工作内容：

清理修补基层表面，打底抹灰，砂浆找平；选料，抹结合层砂浆或刷胶粘剂，贴面砖，擦缝，清洁表面。

釉面砖粘贴工料定额见表 12-40、表 12-41。

砂浆粘贴 100m² 釉面砖定额 表 12-40

	项 目	单位	墙面、墙裙（砂浆粘贴）		
			面砖密缝	面 砖 灰 缝	
				10mm 内	20mm 内
人工	综合工日	工日	56.83	62.16	62.09
材	水泥砂浆 1:3	m³	0.89	0.89	0.89
	水泥砂浆 1:1	m³	—	0.16	0.28
	混合砂浆 1:0.2:2	m³	1.22	1.22	1.22
	面砖 150×75	千块	9.11	7.54	6.35
	素水泥浆	m³	0.10	0.10	0.10
	YJ—302 胶粘剂	kg	15.75	13.03	10.97
	108 胶	kg	2.21	2.21	2.21
料	棉纱头	kg	1.00	1.00	1.00
	水	m³	0.90	0.91	0.91
机械	灰浆搅拌机 200L	台班	0.35	0.38	0.40

胶粘剂粘贴 100m² 釉面砖定额 表 12-41

	项 目	单位	墙面、墙裙（干粉型粘结剂粘贴）		
			面砖密缝	面 砖 灰 缝	
				10mm 内	20mm 内
人工	综合工日	工日	62.24	69.57	69.49
材	水泥砂浆 1:3	m³	0.89	0.89	0.89
	面砖 150×75	千块	9.11	7.54	6.35
	干粉型胶粘剂	kg	420.0	502.72	560.32
	水泥砂浆 1:2.5	m³	0.10	0.10	0.10
	108 胶	kg	2.21	2.21	2.21
料	棉纱头	kg	1.00	1.00	1.00
	水	m³	0.70	0.70	0.70
机械	灰浆搅拌机 200L	台班	0.35	0.38	0.40

二、顶棚装饰工料计算

1. 工程量计算

(1) 顶棚抹灰面积,按主墙间的净面积计算,不扣除间壁墙、垛、柱、附墙烟囱、检查口和管道所占的面积。带梁顶棚、梁两侧抹灰面积,并入顶棚抹灰工程量内计算。

(2) 密肋梁和井字梁顶棚抹灰面积,按展开面积计算。

(3) 顶棚抹灰如带有装饰线时,区别按三道线以内或五道线以内按延长米计算,线角的道数以一个突出的棱角为一道线。

(4) 檐口顶棚的抹灰面积,并入相同的顶棚抹灰工程量内计算。

(5) 顶棚中的折线、灯槽线、圆弧形线、拱形线等艺术形式的抹灰,按展开面积计算。

(6) 顶棚面喷(刷)涂料,按顶棚面装饰工程相应的工程量计算规则的规定计算。

2. 工料定额

(1) 混凝土面顶棚:

工作内容:

清理修补基层表面,堵眼,调运砂浆,清扫落地灰;抹灰找平,罩面压光或拉毛,包括小圆角抹光。

混凝土面顶棚抹灰工料定额见表 12-42、表 12-43 和表 12-44。

100m² 混凝土面顶棚抹灰   表 12-42

项 目		单位	混凝土面顶棚			
			石灰砂浆		水泥砂浆	
			现浇	预制	现浇	预制
人工	综合工日	工日	13.91	15.19	15.82	17.71
材料	素水泥浆	m³	0.10	0.10	0.10	0.10
	纸筋石灰浆	m³	0.20	0.20	—	—
	混合砂浆 1:3:9	m³	0.62	0.72	—	—
	混合砂浆 1:0.5:1	m³	0.90	1.12	—	—
	水泥砂浆 1:2.5	m³	—	—	0.72	0.82
	水泥砂浆 1:3	m³	—	—	1.01	1.23
	108 胶	kg	2.76	2.76	2.76	2.76
	水	m³	0.19	0.19	0.19	0.19
	松厚板	m³	0.016	0.016	0.016	0.016
机械	砂浆搅拌机 200L	台班	0.29	0.34	0.29	—

100m² 混凝土面顶棚抹灰 表 12－43

项 目		单位	混凝土面顶棚			
			石灰砂浆拉毛		混合砂浆拉毛	
			现浇	预制	现浇	预制
人工	综合工日	工日	13.89	13.89	13.78	13.83
材	石灰砂浆 1:2.5	m³	1.13	1.24	—	—
	混合砂浆 1:3:9	m³	—	—	1.13	1.24
	混合砂浆 1:1:2	m³	—	—	0.72	—
	纸筋石灰浆	m³	0.51	0.61	—	—
	混合砂浆 1:1:6	m³	—	—	—	0.93
料	水	m³	0.19	0.19	0.19	0.19
	松厚板	m³	0.016	0.016	0.016	0.016
机械	砂浆搅拌机 200L	台班	0.27	0.31	0.31	0.36

100m² 混凝土顶棚抹灰、勾缝定额 表 12－44

项 目		单位	混凝土面顶棚		
			一次抹灰	预制板底勾缝	
			混合砂浆	混合砂浆	水泥砂浆
人工	综合工日	工日	11.62	3.58	3.57
材	混合砂浆 1:1:6	m³	1.13	—	—
	水泥砂浆 1:2	m³	—	0.07	0.07
	水	m³	0.19	0.19	0.19
料	松厚板	m³	0.016	0.016	0.016
机械	砂浆搅拌机 200L	台班	0.19	0.01	0.01

(2) 钢板网顶棚：

工作内容：

清理修补基层表面，堵眼，调运砂浆，清扫落地灰；抹灰找平，罩面压光，包括小圆角抹光。

钢板网顶棚抹灰工料定额见表 12－45。

(3) 板条及其他木质面顶棚：

工作内容：

清理修补基层表面，堵眼，调运砂浆，清扫落地灰；抹灰找平，罩面，包括小圆角抹光。

板条及其他木质面顶棚抹灰工料定额见表12-46。

100m² 钢板网顶棚抹灰定额　　　　　　　表 12-45

项目		单位	钢板网顶棚			
			混合砂浆	石灰砂浆		
			底面	二遍	三遍	四遍
人工	综合工日	工日	11.42	11.57	14.27	17.49
材	混合砂浆 1:0.5:4	m³	0.10	0.10	0.10	0.10
	混合砂浆 1:2:1	m³	1.39	1.50	1.50	1.72
	混合砂浆 1:3:9	m³	—	—	0.71	0.81
	纸筋石灰浆	m³	—	0.20	0.20	0.20
料	水	m³	0.19	0.19	0.19	0.19
	松厚板	m³	0.016	0.016	0.016	0.016
机械	砂浆搅拌机 200L	台班	0.25	0.30	0.40	0.47

100m² 木质面顶棚抹灰定额　　　　　　　表 12-46

项目		单位	板条及其他木质面		
			石灰砂浆		
			二遍	三遍	四遍
人工	综合工日	工日	10.76	13.04	16.08
材	麻刀石灰浆	m³	0.88	0.88	1.21
	石灰砂浆 1:2.5	m³	0.51	0.61	0.71
	纸筋石灰浆	m³	0.20	0.20	0.20
	麻丝	kg	0.50	0.50	0.50
	铁钉	kg	0.74	0.74	0.74
料	水	m³	0.19	0.19	0.19
	松厚板	m³	0.016	0.016	0.016
机械	砂浆搅拌机 200L	台班	0.27	0.28	0.35

(4) 装饰线：

工作内容：

清理修补基层表面，堵眼，调运砂浆，清扫落地灰；抹灰找平，罩面压光，包括小圆角抹光。

装饰线工料定额见表 12-47。

100m 装饰线定额　　　　　表 12-47

项　目		单位	装　饰　线	
			三道内	五道内
人工	综合工日	工日	10.16	17.21
材	石灰麻刀砂浆 1:3	m³	0.23	0.73
	纸筋石灰浆	m³	0.03	0.05
料	水	m³	0.19	0.19
机械	砂浆搅拌机 200L	台班	0.04	0.13

(5) 喷涂

工作内容：

清扫、清铲、执补顶棚面，调制、刷底油，喷塑，胶辘，压平，刷面油等。

顶棚面喷砂胶涂料工料定额见表 12-24。

顶棚面喷塑工料定额见表 12-48。

100m² 顶棚面喷塑定额　　　　　表 12-48

项　目		单位	顶棚一塑三油			
			大压花	中压花	喷中点幼点	平面
人工	综合工日	工日	12.10	10.88	9.85	5.67
材	底层固化剂	kg	21.75	17.10	15.07	8.70
	中层涂料	kg	142.50	93.10	65.61	—
	面层高光面油	kg	43.20	40.85	40.01	35.19
	水	m³	0.20	0.20	0.20	1.10
料	其他材料费占材料费	%	0.36	0.48	0.57	0.47
机械	电动空气压缩机 6m³	台班	1.10	0.99	0.90	—
	泥浆泵	台班	1.10	0.99	0.90	—

三、地面装饰工料计算

1. 工程量计算

（1）整体面层按主墙间净空面积以平方米计算，应扣除凸出地面的构筑物、设备基础、室内铁道、地沟等所占体积，不扣除柱、垛、间壁墙、附墙烟囱及面积在 $0.3m^2$ 以内孔洞所占体积。

（2）块料面层按图示尺寸实铺面积以平方米计算，门洞、空圈、暖气包槽、壁龛的开口部分亦不增加。

（3）楼梯面层（包括踏步、平台以及小于 500mm 宽的楼梯井）按水平投影面积计算。

（4）台阶面积（包括踏步及最上一层踏步沿 300mm）按水平投影面积计算。

（5）踢脚板按延长米计算，洞口、空圈长度不予扣除，洞口、空圈、垛、附墙烟囱等侧壁长度亦不增加。

（6）散水、防滑坡道按图示尺寸以平方米计算。

（7）栏杆、扶手包括弯头长度按延长米计算。

（8）防滑条按楼梯踏步两端距离减 300mm 以延长米计算。

（9）明沟按图示尺寸以延长米计算。

2. 工料定额

（1）水泥砂浆面层：

工作内容：

清理基层，调运砂浆，刷素水泥浆，抹面，压光，养护。

水泥砂浆整体面层工料定额表 12-49。

（2）现制水磨石面层：

工作内容：

清理基层，调制石子浆，刷素水泥浆，找平抹面，磨光，补砂眼，理光，上草酸，打蜡，擦光，嵌条，调色，彩色镜面水磨石还包括油石抛光。

现制水磨石整体面层工料定额见表 12-50、表 12-51。

（3）散水、坡道、菱苦土地面：

工作内容：

清理基层，浇筑混凝土，面层抹灰压实；菱苦土地面包括调制菱苦土砂浆、打蜡等。

散水、坡道、菱苦土地面工料定额见表12-52。

(4) 水磨石嵌金属条，防滑条：

工作内容：

金属嵌条包括划线、定位；金属防滑条包括钻眼、打木楔、安装；金刚砂、缸砖包括搅拌砂浆、敷设。

水磨石嵌金属条、防滑条工料定额见表12-53。

(5) 大理石板面层：

工作内容：

清理基层，锯板磨边，贴大理石板，擦缝，清理净面；调制水泥砂浆或粘结剂，成品保护。

贴大理石板工料定额见表12-54、表12-55。

$100m^2$ 水泥砂浆整体面层定额　　　　表12-49

项目		单位	水泥砂浆				
			楼地面 20mm	楼梯 20mm	台阶 20mm	加浆抹光随捣随抹 5mm	踢脚板底12mm 面8mm
							100m
人工	综合工日	工日	10.27	39.63	28.09	7.53	5.00
材料	水泥砂浆 1:2.5	m^3	2.02	2.69	2.99	—	0.12
	水泥砂浆 1:3	m^3	—	—	—	—	0.18
	素水泥浆	m^3	0.10	0.13	0.15	—	—
	水泥砂浆 1:1	m^3	—	—	—	0.51	—
	水	m^3	3.80	5.05	5.62	3.80	0.57
	草袋子	m^3	22.00	29.26	32.56	22.00	—
机械	灰浆搅拌机 200L	台班	0.34	0.45	0.50	0.09	0.05

注：水泥砂浆楼地面面层厚度每增减5mm，按水泥砂浆找平层每增减5mm项目执行。

100m² 现制水磨石楼地面定额　　　　表12-50

项　目		单位	水磨石楼地面			
			不嵌条	嵌条	分格调色	彩色镜面
			15mm			20mm
人工	综合工日	工日	47.12	56.46	60.10	92.84
材料	水泥白石子浆 1:2.5	m³	1.73	1.73	—	—
	白水泥色石子浆 1:2.5	m³	—	—	1.73	2.49
	素水泥浆	m³	0.10	0.10	0.10	0.10
	水泥	kg	26.00	26.00	26.00	26.00
	金刚石三角	块	30.00	30.00	30.00	45.00
	金刚石 200×75×50	块	3.00	3.00	3.00	5.00
	玻璃 3mm	m²	—	5.38	5.38	5.38
	草酸	kg	1.00	1.00	1.00	1.00
	硬白蜡	kg	2.65	2.65	2.65	2.65
	煤油	kg	4.00	4.00	4.00	4.00
	油漆溶剂油	kg	0.53	0.53	0.53	0.53
	清油	kg	0.53	0.53	0.53	0.53
	棉纱头	kg	1.10	1.10	1.10	1.10
	草袋子	m²	22.00	22.00	22.00	22.00
	油石	块	—	—	—	63.00
	水	m³	5.60	5.60	5.60	8.90
机械	灰浆搅拌机 200L	台班	0.29	0.29	0.29	0.42
	平面磨面机	台班	10.78	10.78	10.78	28.05

注：彩色镜面磨石系指高级水磨石，除质量要求达到规范要求外，其操作工序一般应按"五浆五磨"研磨，七道"抛光"工序施工。

100m² 现制水磨石面层定额　　　　表12-51

项　目		单位	水　磨　石				每增减 5mm
			踢脚板底12mm面8mm	楼梯底15mm面15mm		台阶底15mm面15mm	
				不分色	分色		
			100m	100m²			
人工	综合工日	工日	27.62	181.72	193.54	179.01	1.65
材料	水泥白石子浆 1:2.5	m³	0.15	2.37	—	2.57	0.51
	白水泥色石子浆 1:2.5	m³	—	—	2.37	—	0.51

续表

项目		单位	水磨浆				每增减 5mm
			踢脚板 底12mm 面8mm	楼梯 底15mm 面15mm		台阶 底15mm 面15mm	
				不分色	分色		
			100m	100m²			
材料	水泥子浆 1:2.5	m³	0.18	2.08	2.08	2.24	—
	素水泥浆	m³	—	0.14	0.14	0.15	—
	水泥	kg	3.90	35.00	35.00	38.00	—
	108胶素水泥浆	m³	0.03				
	金刚石 200×75×50	块	3.00	19.00	19.00	18.00	
	草酸	kg	0.15	1.37	1.37	1.49	
	硬白蜡	kg	0.40	3.62	3.62	3.92	
	煤油	kg	0.60	5.46	5.46	5.92	
	油漆溶剂油	kg	0.08	0.72	0.72	0.78	
	清油	kg	0.08	0.72	0.72	0.78	
	棉纱头	kg	0.30	1.50	1.50	1.63	
	草袋子	m²	—	30.00	30.00	32.56	
	水	m³	0.84	7.64	7.64	8.29	
机械	灰浆搅拌机 200L	台班	0.06	0.74	0.74	0.80	0.09

100m² 散水、坡道、菱苦土地面定额　　表12-52

项目		单位	混凝土散水面层一次抹光厚60mm	水泥砂浆防滑坡道	菱苦土地面 底15mm 面10mm
人工	综合工日	工日	16.45	14.39	20.18
材料	混凝土 C15	m³	7.11		
	水泥砂浆 1:1	m³	0.51	—	
	水泥砂浆 1:2	m³	—	2.58	—
	素水泥浆	m³		0.10	
	菱苦土	kg			1252.00
	氯化镁	kg			909.00
	粗砂	m³	0.01		0.50
	石油沥青30号	kg	1.11		—

续表

项　目		单位	混凝土散水面层一次抹光厚60mm	水泥砂浆防滑坡道	菱苦土地面底15mm面10mm
材料	木柴	kg	0.40	—	—
	模板板方材	m³	0.04	—	—
	锯木屑	m³	0.60	—	2.63
	草袋子	m²	22.00	22.44	—
	色粉	kg	—	—	76.00
	硬白蜡	kg	—	—	2.65
	煤油	kg	—	—	3.96
	油漆溶剂油	kg	—	—	2.00
	清油	kg	—	—	6.00
	水	m³	3.80	3.88	—
机械	灰浆搅拌机 200L	台班	0.09	0.43	
	混凝土搅拌机 400L	台班	0.71		

100m 水磨石嵌条及防滑条定额　　表 12-53

项　目		单位	水磨石嵌金属条	防滑条		
				金属条	金刚砂	缸砖
人工	综合工日	工日	0.73	6.88	2.20	4.24
材料	金属条	m	106.00	—	—	—
	金属防滑条	m	—	106.00	—	—
	金刚砂	kg	—	—	42.93	—
	缸砖防滑条 65mm	m	—	—	—	106.00
	镀锌铁丝 22#	kg	0.07	—	—	—
	木螺丝 4×40	百只	—	4.20	—	—
	二等板方材	m³	—	0.008	—	—
	钻头 Ø10	个	—	0.50	—	—
	水泥	kg	—	—	14.00	—
	素水泥浆	m³	—	—	—	0.01
	水泥砂浆 1:2	m³	—	—	—	0.07
	棉纱头	kg	—	—	—	0.14
	水	m³	—	—	—	0.30
机械	手提电钻	台班	0.30	3.13	—	—

粘贴100m² 大理石板定额　　　　　　　　　　表12-54

项目		单位	楼地面	楼梯	台阶	零星装饰
			水泥砂浆			
人工	综合工日	工日	23.86	61.79	48.92	56.00
材料	大理石板	m²	101.50	144.69	156.88	117.66
	水泥砂浆 1:2.5	m³	2.02	2.76	2.99	2.24
	素水泥浆	m³	0.10	0.14	0.15	0.11
	白水泥	kg	10.00	14.00	15.00	11.00
	麻袋	m²	22.00	30.03	32.56	—
	棉纱头	kg	1.00	1.37	1.48	2.00
	锯木屑	m³	0.60	0.82	0.90	0.67
	石料切割锯片	片	0.35	1.43	1.40	1.59
	水	m³	2.60	3.55	3.85	2.89
机械	灰浆搅拌机 200L	台班	0.34	0.46	0.50	0.37
	石料切割机	台班	1.40	5.70	5.60	5.70

粘贴大理石板定额　　　　　　　　　　表12-55

项目		单位	踢脚板		楼地面
			水泥砂浆	干粉型粘结剂	
			100m		100m²
人工	综合工日	工日	6.30	6.86	24.87
材料	大理石板	m²	15.23	15.23	101.50
	水泥砂浆 1:2	m³	0.30	—	—
	108胶素水泥浆	m³	0.02	—	—
	干粉型粘结剂	kg	—	105.00	600.00
	白水泥	kg	4.00	4.00	20.00
	麻袋	m²	—	—	22.00
	棉纱头	kg	0.15	0.15	1.00
	锯木屑	m³	0.09	0.09	0.60
	石料切割锯片	片	0.05	0.05	0.35
	水	m³	0.40	0.40	2.60
机械	灰浆搅拌机 200L	台班	0.05	0.05	0.34
	石料切割机	台班	0.21	0.21	1.40

(6) 花岗石板面层：

工作内容：

清理基层，锯板磨边，贴花岗石板，擦缝，清理净面；调制水泥砂浆或胶粘剂。

贴花岗石板面层工料定额见表12-56、表12-57。

粘贴100m² 花岗石板定额　　　　　　表12-56

项目		单位	楼地面	楼梯	台阶	零星装饰
			水泥砂浆			
人工	综合工日	工日	24.17	63.07	50.14	57.40
材料	花岗石板	m²	101.50	144.69	156.88	117.66
	水泥砂浆 1:2.5	m³	2.02	2.76	2.99	2.24
	素水泥浆	m³	0.10	0.14	0.15	0.11
	白水泥	kg	10.00	14.00	15.00	11.00
	麻袋	m²	22.00	30.03	32.56	—
	棉纱头	kg	1.00	1.37	1.48	2.00
	锯木屑	m³	0.60	0.82	0.90	0.67
	石料切割锯片	片	1.68	1.2	1.61	1.91
	水	m³	2.60	3.55	3.85	2.89
机械	灰浆搅拌机 200L	台班	0.34	0.46	0.50	0.37
	石料切割机	台班	1.60	6.84	6.72	6.84

粘贴花岗石板定额　　　　　　表12-57

项目		单位	踢脚板		楼地面
			水泥砂浆	干粉型粘结剂	
			100m		100m²
人工	综合工日	工日	6.35	6.91	25.18
材料	花岗石板	m²	15.23	15.23	101.50
	水泥砂浆 1:2	m³	0.30	—	—
	108胶素水泥浆	m³	0.02	—	—
	干粉型胶粘剂	kg	—	105.00	600.00
	白水泥	kg	4.00	4.00	20.00
	麻袋	m²	—	—	22.00
	棉纱头	kg	0.15	0.15	1.00
	锯木屑	m³	0.09	0.09	0.60
	石料切割锯片	片	0.06	0.06	0.42
	水	m³	0.40	0.40	2.60
机械	灰浆搅拌机 200L	台班	0.05	0.05	0.34
	石料切割机	台班	0.25	0.25	1.60

(7) 汉白玉板、预制水磨石板面层：

工作内容：

清理基层，锯板磨边，贴板料，擦缝，清理净面；调制水泥砂浆或胶粘剂，成品保护。

贴汉白玉板、预制水磨石板工料定额见表12-58、表12-59。

(8) 彩釉砖面层：

工作内容：

清理基层，锯砖磨边，贴彩釉砖，清理净面；调制水泥砂浆或胶粘剂。

贴彩釉砖工料定额见表12-60、表12-61和表12-62。

粘贴100m² 汉白玉、水磨石定额　　　表12-58

	项　　　目	单位	汉白玉		预制水磨石
			楼 地 面		楼 梯
			干粉型胶粘剂	水 泥 砂 浆	
人工	综 合 工 日	工日	24.87	23.86	22.67	55.59
材料	汉白玉板	m²	101.50	101.50	—	—
	预制水磨石板 500×500	m²	—	—	101.50	144.69
	水泥砂浆 1:2.5	m³	—	2.02	2.02	2.76
	素水泥浆	m³	—	0.10	—	—
	白水泥	kg	20.00	10.00	10.00	14.00
	麻袋	m²	22.00	22.00	—	—
	棉纱头	kg	1.00	1.00	1.00	1.37
	锯木屑	m³	0.60	0.60	0.60	0.82
	石料切割锯片	片	0.35	0.35	0.35	1.43
	干粉型粘结剂	kg	600.00	—	—	—
	水	m³	2.60	2.60	2.60	3.55
机械	灰浆搅拌机 200L	台班	0.34	0.34	0.34	0.34
	石料切割机	台班	1.40	1.40	1.40	3.50

粘贴预制水磨石板定额   表 12-59

项目		单位	预制水磨石			
			台阶	踢脚板		楼地面
			水泥砂浆		干粉型胶粘剂	
			100m²	100m		100m²
人工	综合工日	工日	45.50	5.76	6.28	24.55
材料	预制水磨石板 500×500	m²	156.88	15.23	15.23	101.50
	水泥砂浆 1:2.5	m³	2.99	—	—	—
	水泥砂浆 1:2	m³	—	0.20	—	—
	108胶素水泥浆	m³	—	0.02	—	—
	干粉型胶粘剂	kg	—	—	105.00	600.00
	白水泥	kg	15.00	2.00	4.00	20.00
	棉纱头	kg	1.50	0.15	0.15	1.00
	锯木屑	m³	0.89	0.09	0.09	0.60
	石料切割锯片	片	0.62	0.05	0.05	0.42
	水	m³	3.85	0.39	0.39	2.60
机械	灰浆搅拌机 200L	台班	0.50	0.03	0.03	0.25
	石料切割机	台班	5.60	0.21	0.21	1.40

100m² 彩釉砖楼地面定额   表 12-60

项目		单位	楼地面（每块周长 mm）		
			600以内	800以内	800以外
			水泥砂浆		
人工	综合工日	工日	37.17	32.70	28.97
材料	彩釉砖	m²	102.00	102.00	102.00
	水泥砂浆 1:2	m³	1.01	1.01	1.01
	素水泥浆	m³	0.10	0.10	0.10
	白水泥	kg	10.00	10.00	10.00
	棉纱头	kg	1.00	1.00	1.00
	锯木屑	m³	0.60	0.60	0.60
	石料切割锯片	片	0.32	0.32	0.32
	水	m³	2.60	2.60	2.60
机械	灰浆搅拌机 200L	台班	0.17	0.17	0.17
	石料切割机	台班	1.26	1.26	1.26

100m² 彩釉砖楼地面定额　　　　　　　　　表12-61

项目		单位	楼地面（每块周长 mm）		
			600以内	800以内	800以外
			干粉型胶粘剂		
人工	综合工日	工日	40.41	35.29	30.99
材料	彩釉砖	m²	102.00	102.00	102.00
	干粉型胶粘剂	kg	400.00	400.00	400.00
	白水泥	kg	20.00	20.00	20.00
	棉纱头	kg	1.00	1.00	1.00
	锯木屑	m²	0.60	0.60	0.60
	石料切割锯片	片	0.32	0.32	0.32
	水	m³	2.60	2.60	2.60
机械	灰浆搅拌机 200L	台班	0.17	0.17	0.17
	石料切割机	台班	1.26	1.26	1.26

粘贴彩釉砖定额　　　　　　　　　　　表12-62

项目		单位	楼梯	台阶	踢脚板	
			水泥砂浆			干粉型胶粘剂
			100m²		100m	
人工	综合工日	工日	99.47	75.04	9.58	10.64
材料	彩釉砖	m²	144.69	156.88	15.30	15.30
	水泥砂浆 1:2	m³	1.38	1.49	0.20	—
	干粉型胶粘剂	kg	—	—	—	60.00
	素水泥浆	m³	0.14	0.15	—	—
	白水泥	kg	14.00	15.00	2.00	4.00
	棉纱头	kg	1.40	1.50	0.15	0.15
	108胶素水泥浆	m³			0.02	
	锯木屑	m³	0.82	0.89	0.09	0.09
	石料切割锯片	片	1.29	1.26	0.04	0.04
	水	m³	3.55	3.85	0.40	0.40
机械	灰浆搅拌机 200L	台班	0.23	0.24	0.03	0.03
	石料切割机	台班	5.13	5.04	0.19	0.19

（9）水泥花砖面层：

工作内容：

清理基层，锯砖磨边，贴水泥花砖，擦缝，清理净面；调制水泥砂浆或胶粘剂。

贴水泥花砖工料定额见表12-63。

（10）缸砖面层：

工作内容：

清理基层，锯砖磨边，贴缸砖，清理净面；调制水泥砂浆或胶粘剂。

贴缸砖工料定额见表12-64、表12-65。

（11）陶瓷锦砖面层：

工作内容：

清理基层，贴陶瓷锦砖，拼花，勾缝，清理净面；调制水泥砂浆或粘结剂。

贴陶瓷锦砖工料定额见表12-66、表12-67。

100m² 水泥花砖楼地面定额　　　　表 12-63

项　　目		单位	楼地面	台　阶	楼地面干粉型胶粘剂
			水泥砂浆	水泥砂浆	
人工	综合工日	工日	20.89	45.18	22.95
材料	水泥花砖	m²	102.00	156.88	102.00
	水泥砂浆 1:2	m³	1.01	1.49	—
	干粉型胶粘剂	kg	—	—	400.00
	棉纱头	kg	1.00	1.48	1.00
	锯木屑	m³	0.60	0.90	0.60
	白水泥	kg	10.00	15.00	20.00
	石料切割锯片	片	0.35	1.40	0.35
	水	m³	2.60	3.85	2.60
机械	灰浆搅拌机 200L	台班	0.17	0.25	0.17
	石料切割机	台班	1.40	5.60	1.40

100m² 缸砖楼地面定额

表 12-64

项目		单位	楼 地 面			
			勾缝	不勾缝	勾缝	不勾缝
			水泥砂浆		干粉型胶粘剂	
人工	综合工日	工日	26.65	23.41	29.60	25.86
材料	缸砖	m²	91.48	101.50	91.48	101.50
	水泥砂浆 1:1	m³	0.10	—	—	—
	水泥砂浆 1:2	m³	1.01	1.01	—	—
	干粉型胶粘剂	kg	—	—	600.00	400.00
	棉纱头	kg	2.00	1.00	2.00	1.00
	石料切割锯片	片	0.32	0.32	0.32	0.32
	水泥	kg	—	10.00	—	20.00
	锯木屑	m³	—	0.60	—	0.60
	水	m³	2.60	2.60	2.60	2.60
机械	灰浆搅拌机 200L	台班	0.17	0.17	0.17	0.17
	石料切割机	台班	1.26	1.26	1.26	1.26

粘贴缸砖定额

表 12-65

项目		单位	楼梯	台阶	踢脚板	零星装饰	踢脚板
			水 泥 砂 浆				干粉型胶粘剂
			100m²	100m	100m²	100m²	100m
人工	综合工日	工日	63.43	45.68	9.41	53.28	10.46
材料	缸砖	m²	144.69	156.88	15.23	117.66	15.23
	水泥砂浆 1:2	m³	1.38	1.49	0.20	1.31	—
	干粉型胶粘剂	kg	—	—	—	—	67.50
	108胶素水泥浆	m³	—	—	0.020	—	—
	水泥	kg	14.00	15.00	2.00	11.00	4.00
	棉纱头	kg	1.40	1.48	0.15	2.00	0.15
	锯木屑	m³	0.82	0.88	0.09	0.67	0.09
	石料切割锯片	片	1.29	1.26	0.04	1.43	0.04
	水	m³	3.55	3.85	0.40	2.89	0.40
机械	灰浆搅拌机 200L	台班	0.23	0.25	0.03	0.22	0.03
	石料切割机	台班	5.13	5.04	0.19	5.13	0.19

100m² 陶瓷锦砖楼地面定额 表12-66

项目		单位	楼 地 面			
			不拼花	拼花	不拼花	拼花
			水泥砂浆		干粉型胶粘剂	
人工	综合工日	工日	42.77	48.93	48.41	55.51
材料	陶瓷锦砖	m²	101.50	106.00	101.50	106.00
	水泥砂浆 1:1	m³	0.51	0.51	—	—
	干粉型胶粘剂	kg	—	—	550.00	550.00
	素水泥浆	m³	0.10	0.10		
	白水泥	kg	20.00	20.00	40.00	40.00
	棉纱头	kg	2.00	2.00	2.00	2.00
	水	m³	2.60	2.60	2.60	2.60
机械	灰浆搅拌机 200L	台班	0.09	0.09	0.09	0.09

粘贴陶瓷锦砖定额 表12-67

项目		单位	台阶	踢脚板	
			水泥砂浆		干粉型胶粘剂
			100m²	100m	
人工	综合工日	工日	88.05	8.71	10.95
材料	陶瓷锦砖	m²	156.88	15.23	15.23
	水泥砂浆 1:1	m³	0.75	0.08	
	干粉型胶粘剂	kg	—	—	90.00
	108胶素水泥浆	m³	0.15	0.02	
	白水泥	kg	30.00	3.00	6.00
	棉纱头	kg	3.00	0.30	0.30
	水	m³	3.85	0.40	0.40
机械	灰浆搅拌机 200L	台班	0.13	0.01	0.01

(12) 红（青）砖面层：

工作内容：

清理基层，铺砖，填缝；调制水泥砂浆。

铺红（青）砖工料定额见表12-68。

100m² 红（青）砖楼地面定额 表 12-68

项目		单位	楼地面			
			砂浆结合层		砂结合层	
			侧铺	平铺	侧铺	平铺
人工	综合工日	工日	14.38	9.39	10.23	5.99
材	普通粘土砖 240×115×53	千块	7.143	3.452	7.143	3.452
	水泥砂浆	m³	3.24	2.35	—	—
	天然中（粗）砂	m³	—	—	3.71	2.68
料	水	m³	2.60	2.60	0.30	0.30
机械	灰浆搅拌机 200L	台班	0.54	0.39	—	—

12.3 工料用量计算举例

【例1】 某住宅的一个房间地面用水泥砂浆贴大理石板，房间轴线尺寸为 3.3×3.6m；门一个，尺寸为 1.0×2.4m；墙厚 0.24m；选用大理石板规格为 600×600×10mm；求人工工日和材料用量。

解：

1. 计算工程量

地面面积 =（3.3－0.24）×（3.6－0.24）= 10.28m²

门洞开口部分面积 = 1.0×0.24 = 0.24m²

工程量合计 = 10.28＋0.24 = 10.52m²

2. 查表 12-54 水泥砂浆贴大理石板楼地面子目，按下式分别计算相应的人工日和各种材料用量。

综合工日 = 工程量 × 相应人工定额

各种材料用量 = 工程量 × 相应材料定额

（1）综合人工工日 = 0.1052×23.86 = 2.51 工日

（2）各种材料用量：

1）大理石板 = 0.1052×101.50 = 10.68m²

每块大理石板面积 = 0.6×0.6 = 0.36m²

大理石板块数 = 10.68÷0.36 = 30 块

2）1:2.5 水泥砂浆 = 0.1052 × 2.02 = 0.22m³

3）素水泥浆 = 0.1052 × 0.10 = 0.011m³

4）白水泥 = 0.1052 × 10 = 1.05kg

3. 查表 2-1 得 1:2.5 水泥砂浆、素水泥浆的配合比，按下式分别计算原材料用量。

原材料用量 = 组合材料用量 × 相应配合比

（1）1:2.5 水泥砂浆：

32.5 级水泥用量 = 0.22 × 490 = 107.8kg

砂用量 = 0.22 × 1.03 = 0.23m³

（2）素水泥浆：

32.5 级水泥用量 = 0.011 × 1517 = 16.7kg

（3）原材料用量汇总：

32.5 级水泥用量 = 107.8 + 16.7 = 125kg

人工工日和材料用量为：

人工工日 = 2.51 工日

大理石板 = 30 块

32.5 级水泥 = 125kg

白水泥 = 1.05kg

砂 = 0.23m³

【例2】 有 3 间教室内墙（砖墙）面抹水泥混合砂浆，每间轴线尺寸为 6.3 × 9m；每间有 3 个窗，窗尺寸为 1.5 × 1.8m；每间有 2 个门，门尺寸为 1.0 × 2.7m；教室净高 3.4m；墙厚 0.24m；求人工工日和材料用量。

解：

1. 计算工程量

门面积 = 1 × 2.7 × 6 = 16.2m²

窗面积 = 1.5 × 1.8 × 9 = 24.3m²

墙周长 =（6.3 - 0.24）× 6 +（9 - 0.24）× 6 = 88.92m

墙面积 = 88.92 × 3.4 = 302.33m²

抹灰面积（工程量）= 302.33 - 16.2 - 24.3 = 261.83m²

2. 查表12-9水泥混合砂浆砖墙子目，按下式分别计算相应的人工工日和各种材料用量。

综合工日 = 工程量 × 相应人工定额

各种材料用量 = 工程量 × 相应材料定额

（1）综合人工工日 = $2.6183 × 13.73 = 35.95$ 工日

（2）各种材料用量

1）1:1:6混合砂浆 = $2.6183 × 1.62 = 4.242 m^3$

2）1:1:4混合砂浆 = $2.6183 × 0.69 = 1.807 m^3$

3. 查表2-2、2-3得1:1:6混合砂浆、1:1:4混合砂浆的配合比，按下式分别计算原材料用量。

原材料用量 = 组合材料用量 × 相应配合比

（1）1:1:6混合砂浆：

32.5级水泥用量 = $4.242 × 204 = 865.37 kg$

石灰膏用量 = $4.242 × 0.17 = 0.72 m^3$

砂用量 = $4.242 × 1.03 = 4.37 m^3$

（2）1:1:4混合砂浆：

32.5级水泥用量 = $1.807 × 278 = 502.35 kg$

石灰膏用量 = $1.807 × 0.23 = 0.42 m^3$

砂用量 = $1.807 × 0.94 = 1.70 m^3$

（3）原材料用量汇总：

32.5级水泥 = $865.37 + 502.35 = 1368 kg$

石灰膏 = $0.72 + 0.42 = 1.14 m^3$

砂 = $4.37 + 1.70 = 6.07 m^3$

人工工日和材料用量为：

人工工日 = 35.95 工日

32.5级水泥 = $1368 kg$

石灰膏 = $1.14 m^3$

砂 = $6.07 m^3$

附录 抹灰工技能标准

初级抹灰工

知识要求（应知）：

1. 识图和房屋构造的基本知识，看懂分部分项施工图。
2. 常用抹灰材料的种类、规格、质量、性能、用途及保管。
3. 本职业常用工具、设备的性能、使用及维护方法。
4. 常用抹灰砂浆的配合比、技术性能、使用部位、掺外加剂常识的调剂方法。
5. 内外墙面、地面、顶棚、楼梯的抹灰程序、方法及机械喷涂的方法。
6. 用模型扯简单线角的操作方法。
7. 镶贴瓷砖、面砖、缸砖和抹水磨石、水刷石、干粘石、假石及磨水磨石的常识。
8. 抹干硬性水泥砂浆和细石混凝土地面的操作方法。
9. 本职业安全技术操作规程、施工验收规范和质量评定标准。

操作要求（应会）：

1. 墙面抹灰挂线、冲筋，地面分格划线。
2. 室内墙面、顶棚、水泥墙裙、踢脚线、地面和室外的普通抹灰（包括机械抹灰）。
3. 用模型扯顶棚简单线角，不同模型做方、圆柱出口线角。
4. 抹水泥内外墙面、腰线、出檐、梁、柱和阴阳角。
5. 抹普通水磨石地面，抹水刷石、干粘石、假石、贴面砖、滚涂、喷涂、弹涂和拉毛等（不包括划）。

中级抹灰工

知识要求（应知）：

1. 制图的基本知识，看懂本工种较复杂的施工图。
2. 抹花饰线角、一般颜料配色、石膏的特性及调制方法。
3. 抹带有线角的方、圆柱、门头的水刷石及抹、剁假石的操作方法。
4. 用模型扯顶棚较复杂线角和攒角的方法，各种花饰花纹线角的比例关系。
5. 制作平面花饰的阳模及软、硬阴模、花饰翻制和安装方法。
6. 镶贴瓷砖、马赛克、面砖、耐酸砖、大理石和花岗岩等操作方法。
7. 防水、防腐、耐热、保温等特别砂浆的配制、操作及养护方法。
8. 不同气候对抹灰工程的影响及质量通病的防治方法。
9. 班组管理知识。
10. 本职业施工方案的编制知识。

操作要求（应会）：

1. 抹水泥方、圆柱、楼梯（包括栏杆、扶手、出檐、踏步），并弹线分步。
2. 抹水刷石、假石、干粘石墙面（包括分格划线）、窗台及水泥拉毛、剁平面假石。
3. 镶贴各种缸砖、水泥花砖、预制水磨石、瓷砖、马赛克、面砖和大理石等的墙面、地面、方、圆柱及柱墩、柱帽。
4. 抹防水、防腐、耐热、保温等特种砂浆（包括配料）及养护。
5. 抹带有线角的水刷石、假石腰线、门头、方、圆柱及柱墩、柱帽。

6. 做普通美术水磨石地面和有挑口的美术水磨石楼梯。
7. 抹石膏或水砂罩面（包括挂麻丝平顶）。
8. 用模型扯顶棚较复杂线角和攒角（包括反光灯槽）。
9. 参照图样堆塑各种花饰（包括线角）。
10. 按详图放样板，做各式实样。
11. 按图计算工料。

高级抹灰工

知识要求（应知）：

1. 看懂本职业复杂施工图，能审核图纸。
2. 建筑学有关知识。
3. 常用装饰材料（包括新材料）的一般物理、化学性能及使用知识。
4. 各种高级装饰工程的工艺过程和操作方法（包括新材料、新工艺）。
5. 一般古建筑装饰的常识。
6. 预防和处理本职业施工质量和安全事故的方法。

操作要求（应会）：

1. 按图纸用模型扯室外复杂装饰线角和攒角。
2. 参照图样或照片堆塑各种线角和复杂花饰（包括修补制作模型）、古建筑装饰。
3. 推广和应用新技术、新工艺、新材料和新设备。
4. 参与编制本职业施工方案，并组织施工。
5. 对初、中级工示范操作，传授技能。
6. 解决本职业操作技术上的疑难问题。

参 考 文 献

1. 建筑装饰装修工程质量验收规范（GB 50210—2001）．北京：中国建筑工业出版社，2001
2. 建筑地面工程施工质量验收规范（GB 50209—2002）．北京：中国计划出版社，2002
3. 外墙饰面砖工程施工及验收规范（JGJ 126—2000）．北京：中国建筑工业出版社，2000
4. 建筑工程冬期施工规范（JGJ 104—97）．北京：中国建筑工业出版社，1998
5. 建筑地面设计规范（GB 50037—96）．北京：中国计划出版社，1996

参考文献

1. 国家防汛抗旱总指挥部办公室文件汇编（HFB2010—2001）. 北京：中国建筑工业出版社，2001
2. 国家防汛抗旱总指挥部办公室文件汇编（HFB2020—2002）. 北京：中国建筑工业出版社，2002
3. 国家防汛、抗旱工程技术规范汇编（HFJ 156—2000）. 北京：中国建筑工业出版社，2000
4. 防洪工程技术管理规程（SDJ 10）. 水利出版社，中国建筑工业出版社，1998
5. 防汛抗旱条例（SH 5009—90）. 北京：中国建筑出版社，1998